我们中国了不起

超厉害的科学力量

中国青年报社 学而思网校 编著

高星 张娴 绘

中信出版集团 | 北京

图书在版编目（CIP）数据

我们中国了不起. 超厉害的科学力量 / 中国青年报
社, 学而思网校编著 ; 高星, 张娴绘. -- 北京 : 中信
出版社, 2021.5(2021.12 重印)
　ISBN 978-7-5217-2984-9

　Ⅰ.①我… Ⅱ.①中… ②学… ③高… ④张… Ⅲ.
①科学技术−中国−青少年读物 Ⅳ.①N12-49

　中国版本图书馆CIP数据核字(2021)第051378号

我们中国了不起：超厉害的科学力量

编 著 者：中国青年报社　学而思网校
绘　　者：高星　张娴
出版发行：中信出版集团股份有限公司
　　　　　（北京市朝阳区惠新东街甲4号富盛大厦2座　邮编　100029）
承 印 者：北京中科印刷有限公司

开　　本：787mm×1092mm　1/16　　　印　张：7.75　　　　字　数：120千字
版　　次：2021 年 5 月第 1 版　　　　　印　次：2021年12月第4次印刷
书　　号：ISBN 978-7-5217-2984-9
定　　价：28.00元

出　　品：中信儿童书店
图书策划：中国青年报社　学而思网校　知学园
特约策划：毛浩　张邦鑫
特约技术：刘庆逊　南山　王翠虹　刘硕　贾丽华　邹赞　姚燕妮
策划编辑：鲍芳　于淼　　　　责任编辑：鲍芳　　　　营销编辑：张超　李雅希　王姜玉珏
文字编辑：韩笑　　　　　　　特约编辑：张媛媛　　　　封面绘制：庞旺财
封面设计：姜婷　　　　　　　内文排版：谢佳静　王莹

专家委员会（按姓氏笔画排序）

邢　继 ｜ 中核集团"华龙一号"总设计师

吴希明 ｜ 航空工业旋翼飞行器首席设计专家　直-10、直-19武装直升机总设计师

张履谦 ｜ 中国工程院院士　雷达与空间电子技术专家

孟祥飞 ｜ 国家超级计算天津中心应用研发部部长

钟　山 ｜ 中国工程院院士　制导系统工程专家

樊锦诗 ｜ 敦煌研究院名誉院长

用"强国课堂"讲好中国故事

《我们中国了不起》是 2019 年"强国课堂"第一季视频课程结集出版的图书。

当时，中国青年报社正在全面推进全媒体融合改革，提出"强国一代有我在，建功立业有作为"，提倡打造"视觉锤"，推出了一系列具有影响力的全媒体作品，包括微电影、微纪录片、MV、系列网课等，"强国课堂"便是"强国系列"精品内容之一。

习近平总书记反复强调文化自信，党的十九届五中全会审议通过的《中共中央关于制定国民经济和社会发展第十四个五年规划和二〇三五年远景目标的建议》，明确提出到 2035 年建成文化强国的远景目标，并强调在"十四五"时期推进社会主义文化强国建设，明确提出"推进媒体深度融合，实施全媒体传播工程，做强新型主流媒体"。

中国青年报社作为中央主流大报、团中央机关报，始终把向青少年讲好中华文化故事作为我们的重要职责。

"强国课堂"让"大先生"讲"小故事"，为文化强国建设助力。我们邀请的 30 位"大先生"包括两院院士、文化名家、大国工匠、一线科研人员等等，例如敦煌研究院名誉院长、被称为"敦煌女儿"的樊锦诗，中国工程院院士张履谦，港珠澳大桥岛隧工程项目总工程师林鸣，直 -10、直 -19 武装直升机总设计师吴希明，中核集团"华龙一号"总设计师邢继……这些精品内容得到了中宣部"学习强国"App、团中央官微、国资委新闻中心官网、人民网、新华网等重要平台的推介，第一季仅在"学习强国"的点赞量就达 67.66 万，播放量超 5000 万。

这个视频小课堂经过中信出版社的精品再造，结集为《我们中国了不起：超厉害的科学力量》《我们中国了不起：上天入地的高科技》《我们中国了不起：这就是中国精神》三本图文并茂的科普读物。在这一系列图书中，视频内容经过细致的整理和补充，以全新面貌出现在读者面前。这些"大先生"，以科学严谨的态度，将前沿的科技知识娓娓道来；以平易近人的姿态，将人生的经验细细传授。在跟随"大先生"一起探索了不起的中国力量的过程中，相信我们的小读者能够收获满满的科学知识，拓宽自己的科技和人文视野，树立崇高的理想。

正是"内容"的力量可以让我们两家文化单位以"内容"为媒，践行党的十九大提出的"深入挖掘中华优秀传统文化蕴含的思想观念、人文精神、道德规范，结合时代要求继承创新，让中华文化展现出永久魅力和时代风采"。

"强国课堂"的观众是青少年，他们被称为"Z世代"。全球"Z世代"青少年有26亿，他们数字化生存、知识结构多元、价值观多元、关注多元，要影响他们，我们就要找到代际之间人性的共通点，和他们走在同一条道路上，做到让文化多样性同频共振，打造"面向现代化、面向世界、面向未来"和"民族的、科学的、大众的"与时俱进的"内容"产品。

　　在全媒体改革进程中，报社上下锐意进取、勠力同心，致力于将"强国课堂"打造成孩子们看得懂、学得会、用得上的科普类视频作品。要把内容做好，需要做大量的资料收集和研究工作，前期团队多次沟通协调，寻找喜闻乐见的主题；多次头脑风暴，探索寓教于乐的呈现方式。节目创造了报社历史上数个第一：第一档以"强国"为主题的青少年素质课程；第一档"大先生"讲"小故事"的科普视频节目；第一个实现视频节目向图书转化的全媒体产品……

　　中青报人都有一种情怀——家国情怀。几年前，一位专家针对一千多名中小学生做了"长大最喜欢从事的职业"调查，其中排名第一的是企业家，其次是歌星影星，科学家、工人、农民位列倒数……这个项目的发起人贾丽华告诉我，"强国课堂"项目源于一个朴素的想法：让全社会尊重科学、尊重文化、尊重知识，就必须从娃娃抓起，请这些看似遥不可及的"大先生"为青少年讲课，让孩子们从小种下爱科学、重文化的种子。

　　众人拾柴火焰高，我们诚挚感谢首届联合出品单位：国务院国资委新闻中心、团中央青年志愿者行动指导中心。感谢第二季联合出品单位：中国运载火箭技术研究院、中国空间技术研究院、我们的太空新媒体中心。感谢第三季联合出品单位：中宣部宣传舆情研究中心。还要特别感谢合作伙伴学而思网校，和我们共同策划和推进"强国课堂"迭代创新。

　　感谢报社同事们为此项目付出的努力，他们是：乔建宾、王毅旭、李丽、王俊秀、崔丽、潘攀、邹赞、姚燕妮、黄毅、何欣、陈垠杉、杨璐、姜继葆……

　　我们希望通过"强国课堂"传递报国信念，培养青少年的科学意识，赋予他们前行的力量，助力"强国一代"健康成长！

中国青年报社总编辑　毛浩
2021年3月

见贤思齐，受益一生

孩子是天生的"观察者"和"好奇者"。

当翻看书本时，他们想穿越漫漫黄沙，看看莫高窟是如何保存至今的；当抬头看天时，他们的思绪早已飞到了直升机的螺旋桨上；当眺望大海时，他们好奇海上的超级大桥是怎么建起来的；当仰望夜空时，他们好奇无垠的宇宙中是不是存在外星文明……

这就是孩子眼中的世界，新鲜、有趣、充满可能。每当他们问出一个"为什么""怎么样""是不是"，都是在迈出探索世界的脚步。他们接触的人、看到的影像、阅读的书籍，都将深深影响他们对世界的认知。

如何保护好孩子的好奇心，陪伴他们探索世界，更好地唤醒和启发他们？这是18年来，数万好未来人共同思考的问题。

人的成长是一个非常复杂的过程。"教育"两个字，一半是"教书"，一半是"育人"。作为教育机构，好未来要做的不仅是传授知识，更是要好好"育人"，从品格、思维、习惯上真正帮助到孩子。

结合孩子"观察者"和"好奇者"的特性，如果能邀请到孩子们关注的事物的设计者、建造者、亲历者，分享他们的亲身经历，亲自解答孩子的每一个"为什么""怎么样""是不是"，对孩子来说是极为珍贵的成长机会。

2019年，我们联合中国青年报社等单位，推出了针对青少年的首个"强国"主题的公益在线素质课程"强国课堂"，邀请樊锦诗、林鸣、吴希明等数十位各行业领域的领军人物和翘楚，分享自己的知识和经历，给孩子们答疑解惑，也让孩子们看到更多榜样的力量。

现在，基于"强国课堂"这一在线课程，《我们中国了不起》也与小读者见面了。这套图书共三册，通过精心编排，将视频课变成了深入浅出又趣味盎然的科普读物。在这一系列图书中，前沿的科学知识、有趣的科学故事、大师的殷殷期盼都得到了精妙的呈现。

虽然是给孩子的课程和书籍，但我也看得津津有味。在这些"大先生"娓娓道来的"小故事"中，既有知识的链接与贯通，更有坚定的理想，实干报国的精神和身体力行的真实故事，带给孩子强大的感召力，让孩子拥有筑梦现实的决心与能力，也带给我很多触动。

在《我们中国了不起：超厉害的中国力量》一册中，港珠澳大桥岛隧工程项目总工程师林鸣为我们解开了超级跨海大桥的秘密，告诉我们："人生的每一个工程，每一个机会，不管大小，都要用心去做。要相信，天道酬勤。"

在《我们中国了不起：上天入地的高科技》一册中，直-10、直-19武装直升机总设计师吴希明带领我们多角度了解直升机，身体力行地告诉每个孩子，当热爱和梦想终于成为一生的事业时，它将产生巨大的能量，不仅事业有所成就，更会收获人生幸福。

在《我们中国了不起：这就是中国精神》一册中，"敦煌女儿"樊锦诗将敦煌的故事娓娓道来，"我一生只做了一件事，那就是守护和研究世界文化遗产——敦煌莫高窟"，让我们看到梦想的光芒和坚持的力量。

在一个个故事中，我仿佛回到了自己的学生时代。

我上初中的时候，听到老师讲"见贤思齐"时，很是震撼。能够向贤能人士学习是一件多么美好的事，这让我跳出了对学习的原有认知——不仅要向书本学习，还要向一切人学习。向书本学习是学习知识，向一切人学习是学会做人。如今，"强国课堂"和《我们中国了不起》的成功落地，正是"见贤思齐"的圆满呈现。

在18年来的教学与实践中，我们越来越认识到，老师与孩子之间的交流，不仅是知识层面的流动，更多的是人和人之间情感的交流。老师最大程度地开拓孩子的视野，让孩子拥有对自己的信心，坚定孩子对未来的信念，一定会比某个知识点更让孩子受益一生。

时代变化，科技日新，教育理念也在与时俱进，但有些初心是不变的，比如"激发兴趣、培养习惯、塑造品格"的教育理念，"爱和科技让教育更美好"的教育使命。好未来希望做到的，不仅是教给孩子知识，更要培养让孩子受益一生的能力。

站在此时，眺望未来，好未来将继续用爱让教育变得有温度，用最先进的理念和技术推动教育进步；希望能让每一个孩子享有公平而有质量的教育，并由此出发实现自己的人生梦想；更希望中国的未来也由此出发，个人的选择与国家的梦想有着一致的方向就是中国梦的能量所在。

期待每一位读者朋友都能从本书获得启发，见贤思齐，受益一生。

好未来创始人兼 CEO　张邦鑫
2021 年 3 月

目录

与当代中国
了不起的超级总工程师、
两院院士、知名教授相遇

聆听他们的
科学见解和人生故事

一起探索未知
收获自信，树立理想

港珠澳大桥岛隧工程总工程师林鸣

在海里怎么建起超级大桥？

　　建在广东珠江口外伶仃洋上的港珠澳大桥，被称作桥梁界的"珠穆朗玛峰"，还被英国《卫报》盛赞为"现代世界七大奇迹"之一。

　　它是目前世界上最长的跨海大桥，也是世界上设计使用寿命最长的跨海大桥，可以使用120年，足以抵御8级地震、16级台风，以及珠江口300年一遇的洪潮。

　　它是世界上首座桥、岛、隧一体的大桥，拥有世界上最大、最长的海底沉管隧道，隧道深入海底40多米，却能做到滴水不漏，打破了世界纪录。

　　它还是世界上建造难度最大的桥。14年来，工程师们一起研发了很多新结构、新工艺、新设备、新技术，创造了500多项新专利。不仅解决了许多世界级难题，同时带动了我国岛隧工程建设水平的提升。

　　在这座超级大桥的背后，凝聚着了不起的中国智慧和中国力量。

世界上常见的桥都是笔直的，数学老师也告诉我们"两点之间直线距离最短"，港珠澳大桥为什么还要设计成S形？

把大桥设计成 S 形，**大海中水流的方向起了决定性作用**。这是为什么呢？

珠江的入海口有八大口门，比如我们熟悉的虎门，就是其中的一大口门。江水从这八个方向注入伶仃洋，再加上大海每天潮起潮落，这就使得港珠澳大桥横跨的海域里，海流方向不一致，有的向西，有的向南……

假设有一艘船在海中行驶，当它穿过大桥时，如果船身走向跟水流方向相同，船身就不会被水流推歪，船可以笔直、安全地穿过桥下；相反，如果船身跟水流方向垂直，船穿过桥时，很可能会被水流推得转了向，一头撞到桥上。

因此，设计大桥时，就要让桥身尽量与水流方向垂直。工程师们早就发现了这一点，他们根据复杂的水流方向，不断修正桥的走向，最终有了如今弯弯的港珠澳大桥。

其次，也为**司机在桥上开车时的安全考虑**。

港珠澳大桥全长55千米，单程驾驶需要40多分钟，这

【小问号】

为什么要在海上建一座桥？

过去，人们从珠海或者澳门去香港，路上要花 3 小时。港珠澳大桥通车后，路程缩短到仅需 40 多分钟，极大方便了人们的生活。

么长的距离如果没有任何弯道，周围没有不断变化的参照物，司机眼前的风景非常单一。如果再加上一路笔直，司机连方向盘都不用转，长时间保持同一个姿势，很容易走神或犯困。这样一来，出现交通事故的概率就会大大提高。

假如大桥有弯道，可就不一样了，司机眼前的画面会变换，不断出现新的参考目标，司机就会提高警惕，留意路况，还会把握好方向盘，集中注意力，就不容易走神和犯困啦。

为什么建造港珠澳大桥，还要同时建造两座人工岛和一条海底隧道，一桥到底不好吗？

在一开始设计港珠澳大桥时，工程师就遇到了一个**很大的问题**。

大桥所在的伶仃洋是世界上最繁忙的海上交通要道之一，每天往来 4000 多艘大型船只。想在大船川流往来的航道上建桥，桥面高度要超过 80 米，大致相当于 26 层楼的高度，船只才能安全穿过大桥。而建这么高的桥面，对桥塔的高度也有要求，需高达 200 米。

然而，这里又距离世界最繁忙的航空港之一的香港国际机场很近，大桥刚好建造在飞机的航线上。为了保证飞机起降的安全，航线上不能有高于 88 米的建筑物，更不要说 200 米高的桥塔。

既要保证大船通过，又不能影响飞机起降，工程师们发挥奇思妙想，提出了一个**天才的解决方案**。

把船只经过和飞机通行区域的大桥部分"埋入"海底，变成一条海底隧道；再用人工岛连接高耸的大桥和幽深的隧道，像搭积木一样，把一座大桥变成"**桥梁+海底隧道+人工岛**"的组合，实现"陆地—桥—人工岛—海底隧道—人工岛—桥—陆地"的转换。

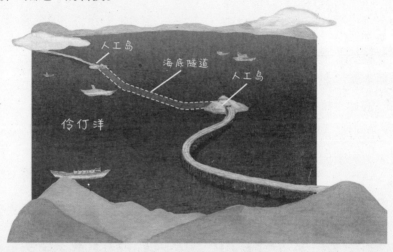

港珠澳大桥拥有世界上最长、最大的海底隧道，在海面以下40多米深的巨大水压下，隧道怎么做到滴水不漏？

港珠澳大桥海底沉管隧道由 33 节沉管组成，单个标准管节长达 180 米，排水量约 8 万吨。要想海底隧道滴水不漏，港珠澳大桥的工程师克服了很多难题。

首先是如何为隧道打好基础。这片海域的海底覆盖着厚厚的淤泥，隧道无法稳稳地躺在海底。这个问题解决不好，隧道就有可能会漏水。工程师们经过无数次的讨论和验证，决定在隧道底部铺上 2 ~ 3 米的块石并夯平，做一个基槽，相当于在 40 多米深的海底给隧道铺上了一层床垫，让隧道可以稳稳地"躺"在海底。

打好了水下基础，还要保证沉管质量符合要求，不能漏水。沉管由钢筋做的"骨架"和混凝土做的"血肉"构成。看似简单的混凝土，要想让它的强度、耐久性、施工性、抗裂性都符合设计指标，试验团队要经过上百次的试验调整，反复计算水泥、沙子、石子、水这四种组成材料的比例，最终配制出满足沉管施工工艺性能要求的混凝土，极大地提高了抗裂性。

除此之外，沉管与沉管之间的对接至关重要，必须极其精准。工程师们在沉管之间安装了一种特殊的橡胶止水带，它能牢

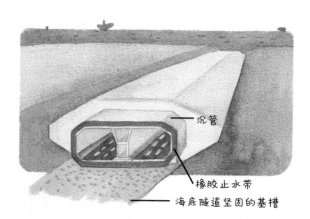

沉管

橡胶止水带

海底隧道坚固的基槽

牢地固定在两节沉管之间，使隧道漏水的概率微乎其微。

港珠澳大桥是一项建在国家自然保护区里的超级工程，规模如此庞大的工程，是怎样做到环境"零污染"，白海豚"零伤亡"的呢？

在设计人工岛时，工程师们遇到了这样一个问题：这片海域海底覆盖着15 ~ 20米厚的淤泥，建岛的土石料在淤泥上无法"坐稳"，牢固的人工岛无法建成。海底的淤泥体积巨大，总量超过800万立方米，采用传统的筑岛方法，就要将淤泥移走，这会极大地破坏海洋环境。

工程师们想出了一个全新的方案：**钢圆筒围岛**。这个方案极具创新性：

　　首先制作好巨型钢圆筒，将它们沉入水底，直接固定在海床上，再向钢圆筒中填沙，围成人工岛的形状，然后在钢圆筒围成的圈中间填土填沙，形成稳定的人工岛。这一方案将极大地减少需移走淤泥的体积，也能减轻对海洋环境的污染。

　　除了保护海洋环境，还要注意**不能伤害海洋生物**。港珠澳大桥特别是岛隧工程这部分，刚好是自然保护区的核心区，这片水域生活着国家一级保护动物中华白海豚。建筑工程团队、动物保护专家和水文环境专家集思广益，精心设计了不影响白海豚的施工方案。

　　除了精心做方案，建设团队开工前还接受了非常细致的培训，学习了很多保护白海豚的知识，比如它们的生活习性、繁殖期的注意事项。

　　有了对白海豚的全面了解，工程师们又对施工做了不少严格限制。水上船只来往时，每艘船都要配一名瞭望员。瞭望员发现白海豚在施工区域活动时，必须按规定做驱赶。施工中的生活污水和垃圾也被全部收集起来，送到指定地点处理。这些事虽小，对保护白海豚和这片海域来说却非常重要，不容轻视。就是基于这份细心和严格，工程队才能创下白海豚"零伤亡"、环境"零污染"的环保奇迹。

地震是港珠澳大桥建设中必须要考虑的问题。要想让这座钢铁大桥少受地震的破坏，工程师们在挑选建筑材料时，一种新型的高科技材料——**高阻尼橡胶材料**引起了他们的注意。

什么是高阻尼橡胶材料？举个例子，用普通橡胶材料制成的小球落到地面上后，因为受到反作用力，小球会产生多次弹跳，就像你平时在地面上拍皮球那样。假如这个小球是用高阻尼橡胶材料做的，那么当它落到地面上，就会稳稳地停住，因为高阻尼材料可以"消化掉"地面对它的反作用力，也就弹不起来了。

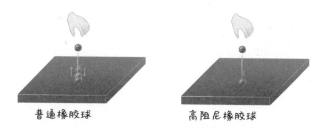

普通橡胶球   高阻尼橡胶球

港珠澳大桥就是采用了这种高阻尼橡胶材料做的隔震支座，当地震发生时，这种高阻尼隔震支座就可以"消化掉"大桥受到的地震冲击，大大减少地震对大桥建筑体的破坏。

港珠澳大桥面临的另一大挑战是风。伶仃洋海域是台风多发地，每年这里超过 6 级风速的时间接近 200 天。在设计大桥主体结构的时候，工程师在计算桥梁结构承载能力时，已经把风力荷载充分考虑进去，大桥按照可以承受相当于 16 级台风的风速水平建造。从建成至今，港珠澳大桥已经不止一次经受住了强台风的考验。

与此同时，工程师还给大桥加上了特殊的**桥体防风屏障**，保护往来车辆。除了桥体防风屏障，港珠澳大桥的运营系统也可以非常智能化地实时监控风速，当监测到强风达到一定等级时，工作人员就会关闭桥梁，既保护往来大桥的人员安全，也能保护大桥的安全。

港珠澳大桥面临的第三个挑战是**往来船舶的不慎撞击**。假如有船撞到桥墩，对桥墩还是有很大威胁的，因此在建桥时，工程师团队给每个桥墩外层都安装了一种复合材料——防撞护舷。它是一个夹芯结构，外壳是纤维增强树脂基复合材料，可以承受来自船只撞击的强大冲击力，还能防止海水腐蚀；内部是闭孔泡沫材料，能够有效缓和来自船只撞击产生的冲击力，减轻震荡。

这种防撞结构不仅能保护大桥，撞击发生时还可以最大限度地保护船和船员的安全。

强国筑梦，大师寄语

林鸣　　港珠澳大桥岛隧工程总工程师

　　小朋友们，港珠澳大桥是举世瞩目的重大基建工程，是国家工程、国之重器，也是世界桥梁建设史上的巅峰之作，是中国实力的集中展示。作为一名工程师，我非常有幸参与其中，贡献我的力量。对我来说，人生的每一个工程，每一个机会，不管大小，都要用心去做。要相信，天道酬勤。小朋友们，希望你们在人生道路上，也能攻坚克难、举重若轻、精益求精、勇于担当，做好每一个小工程，你的人生大工程也会像港珠澳大桥这样，稳稳地屹立。

中国科学院院士
美国国家工程院外籍院士翟婉明

你坐过
全世界最快的
高铁吗？

高铁是"高速铁路"的简称，并非单指一条铁路或一列火车，而是指可供列车安全、高速行驶，性能高超的一整套铁路系统。

　　全世界最快的高铁，就在我们中国。我国高铁的最高运营速度达到了 350 千米／小时，世界第一。

　　我国高铁铺设的总长度排名世界第一，超过 3.8 万千米，比世界其他国家高铁加起来还多。我们的高铁不但跑得快，票价还是全球最低的，建设成本约是其他国家的三分之二，这是中国制造实力最有力的证明之一。

　　我国的高铁在过去 10 年间飞速发展，不断刷新世界纪录，成了一张亮丽的"中国名片"。目前，我国是世界上高速铁路系统技术最全、集成能力最强、运营里程最长、运行速度最快、在建规模最大的国家。中国高铁既跑出了"中国速度"，又创造了"中国奇迹"。

我国高铁最高时速可以达到 350 千米，就像一匹在地面狂奔的铁马，它为什么可以跑得这么快，工程师究竟对它施了什么"魔法"？

高铁跑得快，主要靠这三种"**魔法**"。

第一，外形。工程师们通过实验发现，把高铁列车的车头设计成流线型的"子弹头"外形，可以大大减小阻力，降低能耗，让列车跑得更快。试想大海里的游鱼快速向前冲时，是不是也很像高铁列车的姿态？

第二，动力。200 多年前的火车用煤烧水来取得蒸汽作为动力，但火车装不了那么多煤和水，必须要中途补充，这就耽误了好多时间，而且动力有限。如今，高铁列车的动力是电能，车顶装了一个叫"受电弓"的装置，受电弓上方的铁路接触网可以接收到变电所传来的电能，受电弓与接触网相接触就能接收到电流，再传给列车。这样，列车奔跑时，就可以随时获得电能。

第三，轨道。普通铁路的钢轨是一段一段的，车轮驶过每个接头都会产生冲击震动，不仅会颠簸，还会影响列车速度。普通铁路大部分是有砟轨道，砟是小碎石的意思，在铺设钢轨和轨枕前铺上一层小碎石，来减振，稳固，分散受力，却也增加了摩擦阻力，拖慢了速度。随着科技越来越发达，如今的高铁轨道大都采用无缝焊接钢轨，大部分是无砟轨道，没有了小碎

有砟轨道

无砟轨道

石干扰，在无缝、无碎石的铁轨上行驶，高铁列车自然开得又快又稳。

高铁开起来风驰电掣，这么快的速度一旦遇到风雨雷电这类坏天气，它是怎么保证安全的呢？

首先，高铁在建设时，工程师就充分考虑了建设所在地的环境和条件。比如，在东北，冬天十分寒冷，地面会被冻得坚硬无比，到了春天，随着温度的升高，冰就会融化。水结成冰后体积会膨胀，冰化成水体积又会收缩，这种冻来化去、膨胀又收缩的变化，叫作冻融循环。

在这种反复被冻住又融化的地面上修建铁路，如果不用特殊材料，可能几年之后铁路就会随着冻融循环，变得凹凸不平，影响高速列车运行的平稳度。工程师们早早考虑到了这些危险性，使用耐冻融循环的混凝土修造轨道，为高铁的可靠性、耐久性打下了很好的基础。

其次，高铁有一个神奇的"隔空保护"功能，一旦遇到恶劣天气或自然灾害，"隔空保护"就可以发挥作用啦。什么是"隔空保护"呢？

当高铁智能监测系统发现某一段路上天气很糟糕时，就会针对这段路发出临时限速命令，这个命令会通过列车控制中心，也就是高铁的"中枢神经"，"隔空"传到车载设备上。当高铁列车开到这一段天气不好的路上时，车载设备就会自动让列车限速运行，保护高铁和乘客的安全。

除此以外，科学家们还把各种传感器布设在高铁列车和铁轨线路上，对影响高铁的各种因素时刻进行监测，有问题就会马上预警。

【小问号】

未来会出现比高铁更快的列车吗？

会，我国现在就有比高铁更快的列车，从上海浦东机场到龙阳路地铁站，有一条约 30 公里的高速磁悬浮列车，靠磁力系统悬浮在磁浮轨道上，车厢跟轨道不接触，没有摩擦阻力，时速最高可以达到 430 千米 / 小时。

科学家们还在研制更快速的真空管道磁悬浮交通系统，在一条与外界空气隔绝的真空管道中运行磁悬浮列车，没有了碍事的空气摩擦阻力，它的最高时速可以超越飞机，成为 21 世纪人类最快的交通工具。

有很多高铁建在高高的桥上，这也是为了保障安全，因为飞速奔跑的高铁列车开起来，路上不能有太大的弯道、颠簸和起伏。把轨道建在桥上，就可以越过许多沟沟坎坎，让高铁一路平稳行驶。

中国铁路的安全度在世界上是领先级别的，如果没有这些精准的智能监控预警技术，没有恪尽职守的高铁调度员，没有把各种因素都提前考虑周到的科学工作者们，我国高铁也不会有如今安全又繁忙的盛况。

有一位外国游客，将一枚硬币竖立在以时速 300 千米 / 小时飞驰的京沪高铁列车的窗台上，硬币竟能稳稳地立住 8 分钟不倒，为什么高铁列车开得这么快，却可以这么平稳?

高铁列车可以平稳地奔跑离不开**高质量、高精度的轨道**。

我国高铁列车的铁轨没有道砟，轨道平顺度非常高，特别是我们的京沪高铁，设计和建造标准可说是世界最高等级。

工程师们通过动力学设计，把各项参数调到最优，线路做到最平，才有了今天震惊世界的"8 分钟硬币不倒"的中国高铁奇迹。

另外，车开得稳不稳，除了看它开在路上有没有颠簸，还要看它在转弯、刹车时的表现。

坐汽车遇到转弯时，人会有种被甩出去的感觉，坐高铁转弯时却没有这种感觉，这是因为当列车转弯时，如果两边轨道一样高，就会产生把人向外甩的离心力，所以工程师们想了个巧妙的法子：他们将高铁的外股钢轨抬得比内股钢轨略高，利用车体重力产生的向心力，来抵消离心力，列车因此才能平稳地开过弯道，列车上的人也不会有被甩出去的感觉。这就像摩托车比赛中，骑手在转弯时倾斜摩托车一样。

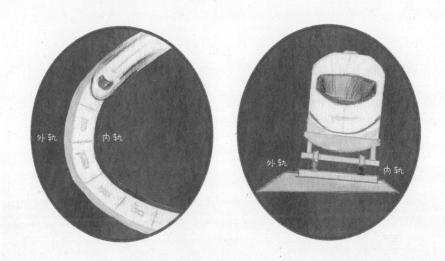

除了精心设计的轨道，高铁列车的**转向架**也是高铁平稳、舒适的关键。转向架是什么呢？它是由两对车轮、一个架子、一些"挂件"和一些机械部件组成的"小车"，高铁车厢就匍匐在这种"小车"上。一节高铁车厢有前后两个转向架支撑，它们最重要的作用就是减振。

我们平时坐高铁看不到转向架，因为它藏在高铁车厢下面，就像高铁的车轮，但它又不仅仅是车轮这么简单，转向架身上还挂着一些让高铁平稳的"法宝"：液压减振装置和空气弹簧。

液压减振装置装在转向架的构架和车轮之间，就像连着高铁列车的下半身，可以隔离车轮带给车身的振动，吸收掉振动能量；空气弹簧则装在构架

转向架示意图

和车厢之间，就像连着高铁列车的上半身，可以保持车厢的平稳和舒适性，无论车轮怎么转弯、颠簸，空气弹簧都可以最大限度地将它们化解掉，不让车厢承受这些晃动。

转向架就像在车身和车轮之间垫了一层柔软又弹性十足的床垫，让车厢和车轮之间有了缓冲力，车轮的振动不会传给车厢，转弯也不会带动车厢大幅晃动，列车平稳度得到大幅提高，乘车舒适度当然大大提升了。

听说白天开出去的第一趟高铁列车是空车，到了晚上高铁还要回家休息，它是在偷懒，还是有别的原因呢？

每天早晨第一班高铁列车开出去时都是空车，工程师们把这趟空列车称为"先导列车"，它就像一个游戏试玩员，会把高铁当天要闯的关都玩一遍，检验前一晚的铁轨有没有维护好，线路状态有没有变化，是否安全。检验通过后，当天的高铁才会正式亮相，这样可以确保高铁和乘客一整天的安全。

高铁在晚上休息可不是偷懒哟。高铁列车是非常精密的大型机械，而且跑得飞快，如果 24 小时狂奔，可能会"累"出毛病，不再安全，所以必须要在晚上"下班"，回家做检修。另外，轨道线路经过高速列车动荷载一整天的冲击"折腾"，结构元件有什么损伤？线路几何状态是否变形？都需要检修员们上道巡检。

所以，工程师们把每天 0 点至 6 点设置成高铁的休息时间，也叫"天窗时间"。经过一天的奔波，高铁列车晚上会开回动车所，冲个澡，美美容，洗去一身尘土，再来个维修保养。而轨道线路也需要利用不跑车的"天窗时间"全面检修维护，这样才能保证列车白天正常运行，乘客的安全也有了保障。

在我国辽阔的疆土上，每天早上8点，大约有几千列高铁列车在全国穿梭。在上海虹桥火车站，平均每84秒就有一趟高铁列车驶过……高铁的运行网络繁忙得惊人，却很少听到它晚点，它是如何做到这么准时的呢？

每一条新的高铁线路开通前，工程师们都要做成百上千的调试试验，常常要几个月才能确保列车开通后状态良好。此外，面对几千列穿梭于不同高铁线上的列车，科学家们利用奇妙的数学模型精准模拟出各自的运行轨迹，才能最终确定精确的列车时刻表，这也是我国高铁这么准时的原因。

确保高铁不晚点的另一位"幕后英雄"是**中国列车控制系统**，它是高铁的"中枢神经"，像一位严格的老师，一丝不苟地监控高铁的运行状态，不允许高铁迟到一分一秒。只要迟到短短几分钟，可能就会导致调度系统要为后面的列车变更运行时刻表，更换新的接车站台，乘客也要从原定站台转移到变更后的站台，带来一系列麻烦事。所以我们的高铁到点必须发车，这也是高铁运行中非常重要的规则。

强国筑梦，大师寄语

翟婉明　　　轨道交通工程动力学专家　　　中国科学院院士

美国国家工程院外籍院士　　　西南交通大学首席教授

　　展望未来，我国高铁事业的发展方向是更高速、更安全、更绿色、更智能，通过创新、研究、实践，引领世界高速铁路的发展。这是一幅美好的蓝图，我们大有可为。作为轨道交通领域的科技教育工作者，这是我的梦想，我对此充满信心。

　　轨道交通是"交通强国"的重要组成部分，前景广阔。希望小朋友们长大以后，在轨道交通发展的热潮中，积极投身我国轨道交通事业，特别是高速铁路的发展，迎接未来新的技术挑战。

中核集团"华龙一号"总设计师邢继

你知道
核电站是怎么
发电的吗？

核能是一种清洁低碳的能源，是人类在 19 世纪末 20 世纪初最伟大的发现之一，它被科学家誉为"未来最具希望"的能源之一。核能发电既不会排放有害气体，又不会造成温室效应，比传统的火力发电环保得多，可以大大改善生态环境。

我国"华龙一号"（HPR1000）核电站，发电一年的环保效益相当于植树造林约 20000 公顷，可以有效减少雾霾危害。"华龙一号"还有能动与非能动结合的安全系统、超厚的双层安全壳等等一系列保障，预计可抗 9 级地震，能有效抵御火灾、洪水等危害。

"华龙一号"凝聚了我国核电科学家的智慧，采用了中国完全自主知识产权的三代核电技术，安全标准极高，拥有专利 700 余件，使我国成为继美国、法国、俄罗斯之后，真正掌握自主三代核电技术的国家。"华龙一号"核电站是国之重器，也是一张名扬世界的国家"名片"。

与火力发电、风力发电、水力发电和太阳能发电相比，核能发电具有什么优势呢？它与这些发电方式的区别在哪里呢？

　　火力发电主要依靠煤炭来获取电能，然而煤炭燃烧会生成大量二氧化碳、二氧化硫、一氧化碳等**有害气体**，带来温室效应、酸雨、粉尘污染等危害，严重破坏环境，影响人类健康。

　　相比起来，核能发电则是对环境更友好的发电方式。因为核能发电过程中几乎不释放二氧化碳和其他有毒气体，不会造成酸雨，也不会产生大量粉尘。一颗直径6厘米、重约200克的球形核燃料元件，只有橘子大小，却可以释

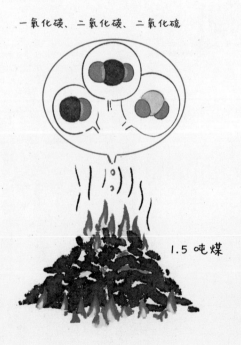

一氧化碳、二氧化碳、二氧化硫

1.5 吨煤

200 克核燃料

放约1.5吨煤燃烧后产生的能量，能为地球减少大量有害气体的排放。

国际上一些权威机构曾做出评估，与一座火力发电厂相比，相同规模的核能发电厂对周边的辐射是非常低的，几乎只相当于火力发电厂辐射的1%。因此，核能发电相比火力发电，对环境的影响更小。

风力发电、水力发电、太阳能发电，与核能发电一样，都是利用**清洁能源**来发电。但核能发电具有更大的优势，因为它受环境的影响和干扰都非常小。

大家都知道，风力发电必须要找到一个合适的风场，才能有持续的风力来推动风力发电装置产生电力。水力发电则受到枯水季节和丰水季节的影响。太阳能发电取决于阳光的强弱，受季节、天气的影响也很大。核能发电可以不受环境影响，随时持续产生电力，是一种非常可靠的电力供应方式。

核能发电既满足了人类对能源的巨大需求，又提供了改善环境的机会，为我们建设美丽的绿色家园提供了极大保障。

【小问号】

核电站是如何发电的?

核电站是一种利用核能来发电的电站。核电站中的核反应堆就像火电站中的大锅炉，是发电的关键设备。核反应堆中的核燃料经过裂变释放出核能，核能会产生大量热能，热能经过核电站复杂的系统，最后转换成电能。清洁低碳的电能会顺着电网，输送到千家万户，为我们的日常生活提供电力保障。

核电站是一座生产"能量"的大工厂，它可以源源不绝地利用核能产生的强大热能来发电。那么，核电站的"燃料"是什么呢？

我们都知道，烧煤或烧油会产生热能，这是靠燃烧来实现的。核电站产生热能却不需要燃烧，而是靠"**核反应**"来产生能量。核反应是发生在微观世界的奇妙反应，它包括核聚变反应和核裂变反应。核电站目前采用的是可控的核裂变反应。

核裂变反应，是一个较重的原子核通过裂变，形成两个较轻原子核的过程。这个过程持续发展就会形成链式反应，能够在短时间内释放出巨大能量。

那么，自然界中究竟什么物质会产生这种神奇的裂变反应呢？科学家在一种金属矿中找到了这种元素，它就是**铀235**。铀235藏在铀矿之中，是自然界中最重的金属之一。科学家们把铀235从铀矿中提炼出来，经过精密加工，制成核燃料元件，放入反应堆中，铀235就会展开核裂变反应，产生强大的核能了。

压水堆核电站是一种采用高压水来冷却核燃料反应堆的核电站。压水堆核电站动力装置主要由反应堆、一次冷却水回路（一回路）、二次汽水回路（又

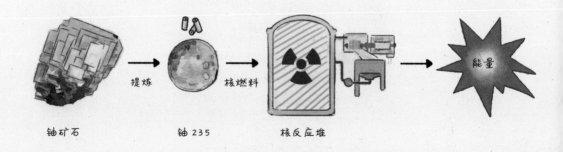

铀矿石　　　　　提炼　　铀235　　核燃料　　核反应堆　　　　　　能量

称二回路）及其辅助回路构成。核燃料裂变后，释放出巨大热能，冷却剂系统就会冷却反应堆，把热能"吸出来"，再把热能送入蒸气发生器，生成大量蒸气，蒸气进入汽轮发电机，就可以带动发电机，释放源源不绝的电能了。

我国"华龙一号"核电站就是采用这种压水堆核电技术发电的。反应堆中的"燃料"则是我国自主研发的 CF3 核燃料元件，它长得像一根根金属质感的罗马柱。CF 系列是我国经过十年时间，研发出的首个具有自主知识产权的核燃料元件品牌，为我国核电站走出国门提供了强大支持。

从核武器到日本福岛核事故，核能在造福人类的同时，也让人们对核安全产生各种争论。"华龙一号"核电站安全吗？它有哪些安全保障呢？

在日本福岛核事故中，地震和海啸摧毁了所有电源，核电站的反应堆自动停堆，核反应终止，然而核燃料却继续产生余热，由于停电，堆芯热量无法及时排出，最终造成堆芯过热熔毁和氢气爆炸，对环境和人体健康造成了极大伤害。

所以，"华龙一号"核电站在设计时采取了自主创新、多重、多样化的安全手段，建立了多重保障，从内到外，纵深防御，确保不会发生类似福岛这样的核事故。

"华龙一号"核电站拥有**三道安全屏障**：第一道安全屏障是核燃料元件的外层包壳，采用了我国自主研发的耐高温、耐辐射、耐腐蚀的锆合金材料，从最内层确保了反应堆本身的安全；第二道安全屏障是一回路的承压边界，一回路包括反应堆压力容器、蒸汽发生器、主管道等等，形成了一个封闭的系统，就像核电站的心脏，一旦发生事故，只要这颗"心脏"的边界是完整的，外壳没有破损，就不会对外界环境造成危害；第三道安全屏障是厂房的内外双层安全壳，厚达 1.8 米的外壳可抵御外部灾害，甚至扛得住飞机撞击，内壳则可避免放射性物质泄漏到环境中。

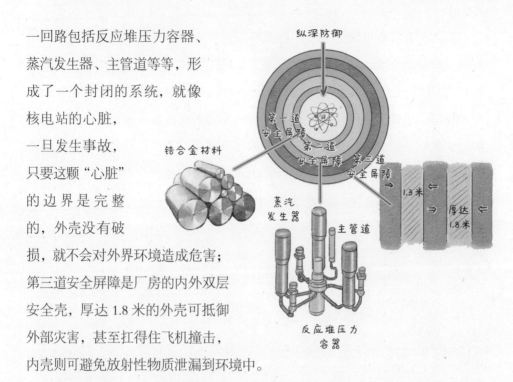

纵深防御

第一道安全屏障

第二道安全屏障 第三道安全屏障

锆合金材料

蒸汽发生器

主管道

1.3 米

厚达 1.8 米

反应堆压力容器

　　这三道屏障，每一道都可以确保核电站的安全。

"华龙一号"核电站吸取了历次核事故的经验教训，除了三道安全屏障，还设计了"能动"和"非能动"结合的安全系统，来应对地震、海啸等突发灾害。什么是"能动"和"非能动"呢？

　　"能动"是指**需要电能驱动**的安全系统，比如关闭安全闸，要有电能才做得到。"非能动"则是不需要电能驱动的系统，通过重力、温差、密度差等自然力来驱动，一旦发生地震、海啸，没有外部电力供应，就以重力和自然循环的方式，让水流动起来，实现导热功能。

"华龙一号"核电站有一套"能动"喷淋系统。科学家们在整个反应堆厂房顶部设置了喷头。一旦发生严重事故，厂房内部的温度和压力会上升，这时就打开水泵阀门，让喷头开始洒水，及时有效地给反应堆厂房降温、降压。

水泵失效后，要怎么降温呢？核专家们设计了"非能动"的余热导出系统，在全厂电源失效后，通过**自然循环**，依然能够导出核反应堆停堆后的余热。专家们在反应堆厂房外部较高的地方，装了一个很大的水箱，它可以容纳 3000 立方米的水。跟水箱连通的装置长得很像北方取暖用的"暖气片"，但它在这里的作用正好相反，是制冷用的，因为水箱里装的是冷水。一旦发生事故，反应堆厂房内的温度和压力上升，就把非能动系统以自然循环的方式运转起来，不断地通过"暖气片"，把厂房中的热量释放到大气中去。这样就可以保证"华龙一号"的厂房在发生严重事故时，依然是完好无损的。

在电影里，钢铁侠胸口的微型核反应堆可以操纵一台战甲上天入地，这种装置真的能实现吗？核能除了发电，还可以帮人类创造哪些美好生活呢？

在核专家看来，钢铁侠胸口的微型核反应堆装置是有可能实现的。我国核专家正在研究小型核反应堆，希望找到更多安全、方便的利用核能的方式。

小型核反应堆有很多优点。第一，因为小，它的安全度就很高，不容易出问题。第二，与大型核电站相比，小型核反应堆投资小，建造起来也十分迅速。第三，小型核反应堆甚至还具有可移动性，能够解决很多特殊的能源需求。

小型核反应堆的应用前景也十分美好，用处多多。

第一，小型核反应堆由于非常安全，因此可以靠近城市，用核能为城市**供热**，解决冬季采暖问题。

第二，小型核反应堆可以为一些远离主电网的偏远地区提供非常便捷的**电力供应**。

第三，**开发利用海洋资源**时，需要大量能源的支持。清洁环保的小型核装置和核动力，可用于深海探测、海洋资源的开发。比如浮动的小型核电装置可以为海洋油气开采提供动力。把强大的核动力用在破冰船、潜艇和航空母舰上，可以使它们拥有强大且持续的动力，甚至在寿命期内，都无须更换新燃料。

和平地开发和利用核能，将会使人类攀上科技的巅峰，迈向无限美好的未来。

设想中的小型核反应堆

强国筑梦，大师寄语

邢继　　中核集团"华龙一号"总设计师

　　"核工业精神"中重要的一条就是责任重于一切，所以每一位从事核工业的工作者，都会非常深刻地感受到自己在这份工作中所要承担的责任。承担责任是要靠能力的，所以我们必须通过提升自身能力，来承担起责任。未来，希望同学们可以多多了解核能，好好学习，提升自身能力，面对问题，勇于承担，做新时代的主人。科学很有趣，也很好玩，最重要的是科学还可以造福人类。请保持你们的好奇心，发挥你们的想象力，用你们的热情，去创造更美好的未来吧！

航天科技集团五院"嫦娥四号"探测器项目执行总监张熇

月亮背面
有外星人吗?

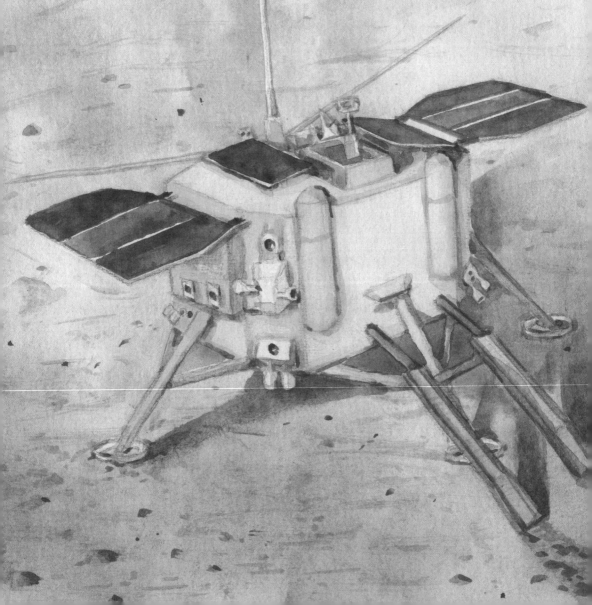

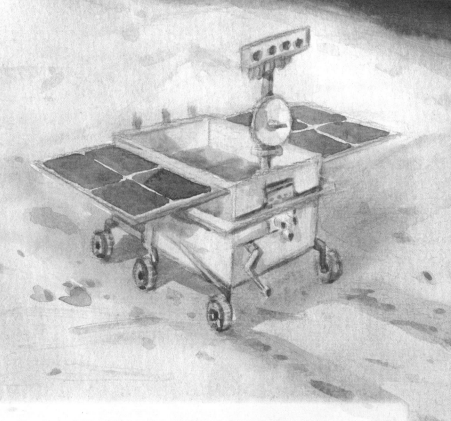

  2019 年 1 月 3 日，我国"嫦娥四号"探测器成功着陆在月球背面的冯·卡门撞击坑中，终于实现了人类史上第一次"月球背面之旅"！

  "嫦娥四号"探测器这次大胆的旅行，实现了人类探测器在月球背面的第一次软着陆，拿到了世界上第一张近距离拍摄的月球背面影像图，达成了人类第一次在月球背面与地球的中继通信，完成了人类史、航天史上的一项壮举！

  "嫦娥四号"探测器由着陆器和"玉兔二号"巡视器（月球车）组成，探测器着陆后，两者分离。为了勘察月亮背面更深层的地质和资源信息，完成更多月球背面的资料搜集，"嫦娥四号"的着陆器和"玉兔二号"月球车，至今已在月球背面度过了几百个地球日，为我国科学家提供了极其珍贵的探月资料。

  2020 年 12 月 17 日，"嫦娥五号"返回器在预定区域安全着陆，并带回了40 多年来首次从月球采集的岩石和土壤样品，实现了中国航天史的多个重大突破。中国探月工程见证了我国综合国力的提升，也见证了中国科技创新的飞跃。相信未来我们还将一步步实现"载人登月"和"建立月球基地"的梦想！

迄今还没有哪个国家的探测器曾去月球背面做过这种软着陆的详细勘探。对我国来说，探索月球背面，对我们观察宇宙、考察月球资源、推动航天科技的进步，都有着非凡的意义。

低频射电频谱仪

月球背面是**观测宇宙**的绝佳地点。月球背面看不到地球，不受地球电磁干扰，电磁环境非常干净，可以安静地监听来自宇宙的信号，是观测宇宙的绝佳地点。"嫦娥四号"的着陆器带着超长寿命的低频射电频谱仪，一直在对宇宙进行天文观测。这些观察结果将为科学家们推开聆听宇宙的窗户，收获极具价值的科研成果。

考察月球的"**生长环境**"。"嫦娥四号"探测器还搭载了一个约3千克重的圆筒形"月面微型生态圈"，包含空气、水、土豆种子、拟南芥种子和蚕卵，构成了一个小小的生态系统。科学家们通过观察它们在微重力、大温差环境下的生长情况，收获了有价值的月球生态经验。

探索月球背面的**地质和资源**。月球上有许多丰富的能源和矿产，在科学家看来，月球背面的岩石也更加古老，还有大量高低起伏的撞击坑。探索这些奇异的地质地貌、矿产成分、地层结构、地幔物质等，有助于研究月球地下有什么，为人类探索月球的能源和矿产、起源和演化，都提供了第一手资料。

"嫦娥四号"探测器对月球背面的探索，每一步都是新鲜的，每一次勘测都可以说是"人类首次"，技术上有很多新挑战。比如如何与地球保持联络，怎样做到安全软着陆，月面探测又需要哪些技术……这些研究都会极大地推动我们的航天技术进步。

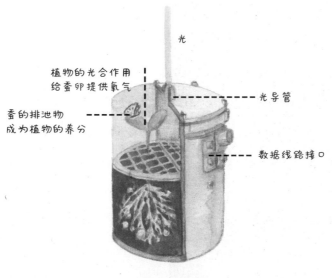

光

植物的光合作用
给蚕卵提供氧气

光导管

蚕的排泄物
成为植物的养分

数据线路接口

月面微型生态圈

从发射到"刹车"，再到降落在月球背面，"嫦娥四号"探测器在太空中经历了怎样惊心动魄的旅行呢？

　　"嫦娥四号"探测器这趟惊心动魄的奔月旅行，一共有八个精彩的"旅行环节"。

　　到达发射场。 运载火箭发射的地方叫发射场，"嫦娥四号"探测器旅行的第一步，就是来到我国西昌卫星发射中心。

　　搭乘运载火箭。 第二步是搭乘长征三号乙系列火箭，运载火箭带着"嫦

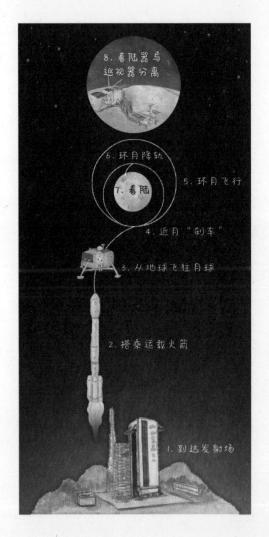

娥四号"探测器一起从地面点火升空，在空中器箭分离，这时"嫦娥四号"探测器就可以冲出地球，独自去太空闯荡了！

从地球飞往月球。第三步是地月转移，地月转移轨道经过了轨道专家的精心设计和不断修正，可以让"嫦娥四号"探测器脱离地球引力后，一路朝月球飞去，不会飞错地方。

近月"刹车"。第四步是减速，"嫦娥四号"探测器经过大约110小时的奔月飞行后，终于到达月球附近，这时它开始减速，并被月球引力牢牢抓住，进入环月轨道。

环月飞行。第五步，"嫦娥四号"探测器环绕月球飞行半个月左右，等待适合落月的时机。

环月降轨。第六步，"嫦娥四号"探测器一边绕着月亮飞，一边降低飞行高度，并调整姿势，准备降落。

安全平稳着陆。第七步，"嫦娥四号"探测器开始降低动力，探测月面是否平整无障碍，在距离月面两米时，发动机停止工作，"嫦娥四号"探测器以自由落体的方式，稳稳降落在月球背面。

着陆器与巡视器分离。第八步，落月后，"嫦娥四号"的着陆器与"玉兔二号"巡视器分离，巡视器为着陆器拍摄第一张照片。

从这一刻起，"月球背面之旅"正式开始了！

【小问号】

我们为什么看不到月球背面？

月球虽也是椭球体，我们却从没见它旋转过。它就像一张照片，贴在夜空里，只有正面照，却没有背面照，我们为什么看不到月球背面呢？这是因为，月球是地球的一颗卫星，两者之间有一种相互吸引的"潮汐力"，这个力就像从地球伸出的一双大手，牢牢抓住了月球正对地球的脸。无论地球和月球怎么转，潮汐力都会调整月球的角度，使它永远只有正面这半边脸对着地球。科学家把这种天体之间的"锁定"命名为"潮汐锁定"。

听说降落地点在一个巨大的撞击坑里，那里的地势就像地球上的崇山峻岭，"嫦娥四号"探测器又是怎样做到平稳着陆的呢？

"嫦娥四号"探测器这次降落的地点是**冯·卡门撞击坑**。那里的地势崎岖不平，之所以能够安全降落，全

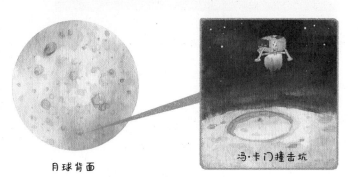

月球背面

冯·卡门撞击坑

靠"嫦娥四号"探测器识别障碍与躲避障碍的强大功能。

　　为了使"嫦娥四号"探测器着陆不出错，科学家们设定了探测器要在距离月面较远时，就提前到达着陆区上方，然后垂直下降，垂直下降可以更精准地找到着陆点。"嫦娥四号"探测器在距离月面100米处还会悬停一下，用激光识别地面的障碍、坡度，找到比较平整、无障碍物的地点来降落。

新闻常常报道，"玉兔二号"这个月又要休眠半个月了，难道月球背面有什么催眠电波吗？"嫦娥四号"探测器看到的月球背面到底什么样呢？

　　"嫦娥四号"探测器到达月球背面后，给科学家们发回了清晰的照片。科学家们发现，月球背面几乎和正面一样荒凉寂静，却没有正面那么平坦，而是遍布环形山、高地和撞击坑，地势高低起伏，就像被孩子挖过的沙滩，而且没有月球正面那么多月海。月海是指月球表面平坦低洼的平原，月球正面目前已确定的月海多达22个，然而"伤痕累累"的月球背面只有两个完整的月海。

　　除了复杂的地形，月球背面的自然环境也很恶劣。因为月球没有大气层保护，有太阳时很热，温度可达120摄氏度以上；没太阳时又很冷，到了夜晚，月球背面月壤的温度可以降到零下 190 摄氏度!

"嫦娥四号"的着陆器和"玉兔二号"月球车都要靠太阳能来支撑工作,所以在夜晚长约半个月之久的月球上,聪明的科学家们想出了"**月夜休眠,月昼唤醒**"的工作时间表,也就是有太阳时工作,中午温度高还会午休,夜晚到来之前就进入休眠。直到太阳再次升起,阳光照在太阳能帆板上,就会唤醒探测器,让它重新开始干活。所以新闻会报道,"嫦娥四号"的着陆器和"玉兔二号"月球车又进入了约半个月的休眠期。

抵达月球背面后,"嫦娥四号"探测器不仅要把消息传回约 40 万千米远的地球,还要隔着月球传输。然而,人类至今都没办法穿透月球来传输消息。"嫦娥四号"探测器是怎样解决通信难题的呢?

科学家们早就想好了聪明的对策,如果不能穿透月球来传递消息,那就先把消息传到地球与月球中间的"驿站",再从"驿站"传回地球好啦!

这个"驿站"就是我们的"**鹊桥**"中继星。

那么"鹊桥"中继星是怎么工作的呢?首先,科学家们提前半年多,就把"鹊桥"中继星这颗只有 400 多千克重的小卫星,发射到了太空中,让它正好位

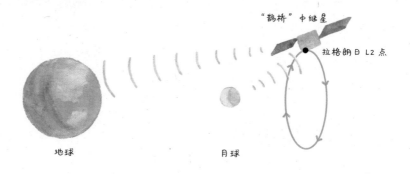

"鹊桥"中继星

拉格朗日 L2 点

地球

月球

于既看得到地球，又看得到月球背面的"拉格朗日 L2 点"轨道上。拉格朗日 L2 点是一个平动点，在这里，"鹊桥"中继星受到地球和月球的引力相同，所以不会被拉来扯去，而是可以稳稳驻扎。

发射到位后，"鹊桥"中继星展开网状天线，就像在太空中撑起了一把巨型雨伞，静静等待"嫦娥四号"探测器发射升空。在这里，"鹊桥"中继星既可以接收"嫦娥四号"的着陆器、"玉兔二号"巡视器从月球背面发来的信号，又可以把这些信号传递回地球，很好地实现了"中继"功能。

虽然国际上也有很多国家在做近地中继通信卫星，但距地球 40 几万千米的中继星还是我国首创。

"鹊桥"中继星架起了月球背面到地球的通信桥梁，可以说，这是**世界上最长的一座"鹊桥"**！

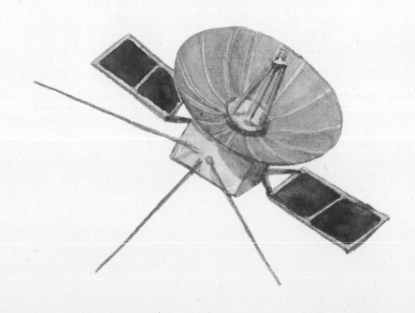

强国筑梦，大师寄语

张熇　　航天科技集团五院
"嫦娥四号"探测器项目执行总监

　　航天是一个科研行业，想要走进航天领域，首先，要学好科学文化知识，因为航天覆盖了几乎所有理工学科。其次，要培养团队合作精神，因为不是一两个人靠自己的灵感就可以把航天器做好，大家要合作交流，一起把一件事做好，所以要培养合作精神。第三，要成为一个非常有责任感的人，无论做任何工作都要对自己的工作负责，要做一个靠谱的人。最后，要有强健的体魄，航天事业的工作强度很大，所以大家要好好锻炼身体。同学们，祖国的未来是掌握在你们手中的，希望你们在青少年时期做好知识的积累、身体的积累、品格的积累，从小树立远大志向，心怀报国志向，不断完善自己，长大后努力实现自己人生的价值，也让我们的祖国更加强盛。欢迎大家未来都参与到航天事业中来，相信大家一定会拥有幸福的人生。

AMS 计划热力学专家辛公明

冷热现象背后藏着什么神奇原理？

　　人们把热现象服从的规律归纳为热力学。在石器时代，原始人类和今天的我们一样，在寻找着最适宜的温度，他们在对冷与热的观察中学会了使用火，这极大地推动了人类文明的发展，也是人类认识热现象的开端。冷与热是我们日常生活的一部分，也是大自然的原动力，生命在冷与热的交替中诞生，地球在冷与热的交替中形成了丰富多样的气候环境。

　　掌握冷与热让人类的科技不断进步，甚至能去探索宇宙的奥秘。20 世纪末和 21 世纪初，为了寻找宇宙中的反物质和暗物质，科学家们发起了世界上规模最大的科学计划之一的 AMS 计划。为了确保仪器在宇宙低温中正常工作，我国热力学专家们研发了一套热系统，为磁谱仪穿上了"棉衣"，成功解决了带电磁铁在宇宙中控制温度的问题，这也是人类首次搞定这个宇宙级难题。这一套热系统也因此被誉为"中国智慧照亮宇宙之暗"的利器。

【小问号】

什么是 AMS 计划呢？

AMS 是"阿尔法磁谱仪"的简称，这台磁谱仪可以探测宇宙中的反物质和暗物质，以及其他宇宙元素，为研究宇宙起源提供科学依据。AMS 计划就是要把阿尔法磁谱仪送到太空中，去探索宇宙的奥秘。

在世界著名物理学家、诺贝尔物理学奖获得者丁肇中教授的领导下，有 16 个国家和地区的 56 个科研机构参与了 AMS 计划，它是世界上规模最大的科学计划之一，也是国际空间站唯一的大型科学实验。

2011 年 5 月 16 日，"奋进"号航天飞机把阿尔法磁谱仪送上了国际空间站，至今，阿尔法磁谱仪已运行约 10 年。辛公明教授所在的热系统团队，参与了 AMS 计划的热控制系统的设计与研究，运用高超的热力学原理，确保了磁谱仪在宇宙极寒、极热的温度变化中，仍能在稳定的温度下正常工作。

我国科学家为 AMS 计划付出了巨大努力，也获得了极高的评价，我国研制的这套热系统成为 AMS 计划能够成功的决定性因素。

太空中实在太冷了，为了给磁谱仪保暖，科学家们运用热力学，为它穿上了"棉衣"。这件"棉衣"什么样呢？热力学又是怎么帮上忙的？

在 AMS 计划中，人类要把精密粒子探测仪器"阿尔法磁谱仪"，送上太空，让它探测反物质和暗物质，用以研究宇宙的起源。

不过，阿尔法磁谱仪安装在国际空间站上，90分钟就要绕地球转一圈，其中45分钟是白天，45分钟是黑夜，这一冷一热的温差甚至可能达到**上百摄氏度**。磁谱仪中的仪器，有些要保持恒定温度才能好好工作，甚至要求温度变化幅度不超过1摄氏度。而且，仪器散热时的热量还不能影响国际空间站其他部件。这可怎么办呢？

我国科学家专门研制了一套**热系统**，来帮磁谱仪调节温度。这个系统长什么样呢？它可不是一件衣服哟！它长得就像两块板子，一块负责散热，一块负责保暖。当磁谱仪觉得冷了，保暖系统就会为它加热；当磁谱仪觉得热了，散热系统就会把热量向周围小心地散去，不会影响国际空间站其他部件。

这项计划的团队这样形容热系统："**没有它，就没有AMS。**"有了这个热系统，阿尔法磁谱仪才能在高度稳定的温度环境下正常运转。热力学的应用真是帮了大忙呀！

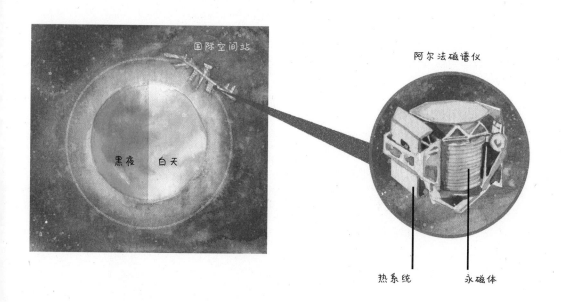

国际空间站

黑夜　白天

阿尔法磁谱仪

热系统　　　永磁体

夏天为了凉快，我们会吹空调；冬天为了保暖，我们会穿上厚衣服……生活中处处有冷和热，但这和热力学有什么关系呢？热力学究竟是什么？

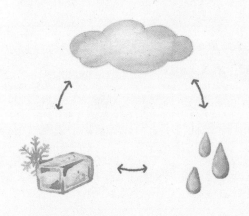

热力学是跟冷和热有关的一门学科，我们吃、穿、住、行都会用到热力学。学好热力学，就可以熟练掌握冷和热的规律，用这些规律来造福人类啦！

什么是热力学呢？当能量从一种形式变为另一种形式，比如水蒸气变成水，水变成冰，这些变化都会遵从自然界古来有之的规律，科学家们把这些与温度有关的规律总结出来，就是我们如今的热力学了。

热力学有两个定律是我们生活中经常用到和见到的。

热力学第一定律是指，热量可以从一个物体传递到另一个物体，也可以与其他能量互相转换，但在转换过程中，能量的总值保持不变。这是什么意思呢？这意味着能量在转化过程中是守恒的，既不会凭空变多，也不会忽然变少。比如我们喝了一杯咖啡，只能获得一杯咖啡的热量；绝不会只喝了一杯咖啡，而获得两杯咖啡的热量。

热力学第一定律

一杯咖啡的热量

热力学第二定律是指，热量不能自发地从低温物体传到高温物体，而不引起其他变化。也就是说，能量进行传递或转化时是有方向性的。这又是怎么回事呢？

热力学第二定律

举个例子，屋子里有一杯热咖啡，它的温度会慢慢降到跟室温一样，但在没有外力的情况下，凉咖啡绝不会自己重新变热。这就是热力学第二定律讲的，能量的转化是有方向性的，它只会自发地从高温物体传给低温物体，最后达到两个物体温度相同，不会自发地从低温物体传至高温物体，使凉的更凉，热的更热。

再比如，把冷馒头放入刚关火的热蒸锅里，冷馒头绝不会把能量传给热蒸锅，变得更冷，热蒸锅也不会获得冷馒头的能量，变得更热，它们两者的能量只会从高温物体传至低温物体，也就是冷馒头变热，热蒸锅变冷。这就是日常生活中常见，却又不寻常的热力学定律啦！

生活中有很多有趣的冷热现象，比如夏天的冰镇饮料会"出汗"，用来制冷的冰箱，外壳居然是温热的……这都是为什么呢？这里又藏着哪些热力学规律呢？

夏天，我们把冰镇饮料从冰箱里拿出来，会发现瓶身上布满小水珠，就像"出汗"了一样。这是为什么呢？因为饮料周围的空气里含有水蒸气，它们接触到非常冷的饮料瓶壁，就会从气体凝结成水滴，看起来就像瓶子在出汗一样，这就是热力学中的"冷凝"过程。

大家都知道，水加热会变成水蒸气，这个过程会吸走热量；当水蒸气遇冷又会变成水，这个过程会释放热量。**冰箱制冷用的就是这个热力学原理**。

冰箱内部的制冷剂经过了液态—气态—液态的循环，而这个循环则伴随着热量的吸收和释放，达到了制冷和散热的效果。

冰箱里的液态制冷剂经过蒸发器，变成气态，这个过程会吸走热量，使冰箱内部温度降低，产生制冷效果；而气态制冷剂经过冷凝器，变回液态，这个过程会释放热量，这也是为什么冰箱的背面和侧面摸起来热热的，因为它正在散热。

另外，因为有厚厚的隔热材料保护，冰箱存放食物的空间会一直保持低温，不会被系统散发的热量影响！

有人会问，那冰箱不就违反热力学第二定律了吗？它不就是从内部低温区，向外部高温区散热吗？包括空调，也是从凉快的房间，不断向室外排放热量呀！这不就是让冷的更冷，热的更热了吗？

热力学第二定律讲，能量不会自发地从低温物体传至高温物体。大家

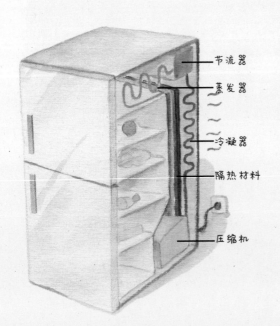

节流器
蒸发器
冷凝器
隔热材料
压缩机

注意到"自发"两个字了吗？冰箱和空调之所以能从低温区，把热量散发到高温的外界，是因为这不是自发的，而是借助了外力哟！这个外力就是"插电"，冰箱和空调都需要消耗电能，才能维持内部的低温，不断向外散热。一旦拔掉电源，外界的热量就会自发地让冰箱和空调内部温度升高了。

800 多年前，许多科学家迷上了发明永动机，连后来的达·芬奇也不例外。然而随着热力学的兴起，永动机的构想纷纷被证明不可实现。为什么热力学可以否定永动机呢？

永动机是一种还未实现的神奇机械，它曾是科学家们的终极梦想。

科学家们构想了两类永动机：第一类永动机是指不吸收任何能量，就能永远动下去的机械；第二类永动机是指从单一热源中吸收热量，这些热量不会在转换中损耗，可以全部用来帮永动机不停地动下去。

那么，热力学究竟有什么神奇力量，可以**摧毁这两类永动机的构想**呢？

第一类永动机不吸收任何能量，又能永远动下去，就像不给汽车加油，汽车自己就能开一样。能量凭空冒出来显然违反了热力学第一定律的"能量守恒"规律，因此这类永动机是不可能实现的。

曾有人设想，从海水、大气或宇宙中汲取能量，来支持永动机运转，因为这些广阔的资源是取之不尽用之不竭的。这就是**第二类永动机**。科学家们设想它可以从单一热源中吸收能量，再把这些能量，没有损耗地，全部转化成"永动"的能量。这是一个效率达到 100% 的机械，因为它没有摩擦力、阻力、不会向空气中散热，能量转换时不损失任何能量。

然而，热力学第二定律还有另一种表述方式，它告诉我们：在热量转换时，从单一热源获取的热量，不可能全部变成对外做功，而不引起其他变化。这也意味着，任何一个热机的效率都不可能达到 100%，都会在能量转换时产生损耗，使周围的环境或物质发生改变。这是自然界的真理，一切违背它的构想，都意味着不可能实现。这也是科学家们几百年都没造出永动机的原因，热力学第二定律彻底否决了第二类永动机的构想。

原来热力学竟然这么厉害！那么，它在现代科技中，有哪些重要的用处和发展呢？

现代科技中，**很多行业都用到了热力学**，比如发电厂。

很多发电厂靠烧煤来获取电力，经常整个厂子浓烟滚滚，向空气中排放的煤烟还会形成对人体有害的雾霾。但有了热力学的应用，科学家们研发出了节能环保的"**超超临界发电技术**"，让水蒸气工作时的温度或压力都达到一个超高的临界水平，这样机组工作起来，不但热效率提高很多，一年还能省下大量的煤，发电厂也不再排放那么多煤烟，变得清洁又高效啦！

我国还在大力发展**新能源汽车**。这种汽车不消耗汽油，只要充电就能获得能量，不会向空气中

发电厂

新能源汽车

核电站

排放尾气，非常环保。不过新能源汽车会用到很多电池，电池要准确地控制温度，及时散热，才能确保安全，这也要用热力学原理来设计。

核能是一种清洁能源，它几乎不排放污染物，对环境很友好。目前正在研发中的**第四代核能系统**需要解决热量的传输问题，让热量更高效地转化成可用的形式，这也要靠热力学知识去解决。

随着科技不断发展，热力学这门基础学科，有了非常广阔的用武之地。多多观察大自然和生活中的冷与热，或许，你就是下一个颠覆世界的科学家！

强国筑梦，大师寄语

辛公明　　AMS 计划热力学专家

　　首先，希望每一位小朋友都能够健康、快乐地成长。在这个基础上，也希望我们每一位小朋友，都能在知识的海洋里放飞自己的梦想。热力学是一门有趣又深奥的学科，它与我们的吃、穿、住、行，与我们的世界运转，甚至宇宙奥秘，都密切相关。试着多观察一下你的周围，找出一些问题，再去试着找出问题的答案，这样一个过程，会让你收获很多。希望有越来越多的小朋友对热力学产生兴趣，认真学习，多多观察，长大以后可以加入我们，一起来研究热力学这门神奇的学科吧！

"天河"守护人孟祥飞

为什么 70 亿人加起来都算不过超级计算机？

超级计算机又叫高性能计算机，它的"超级"体现在两个方面：一是它拥有普通计算机没有的超级性能，二是它可以解决普通计算机解决不了的超级问题。

超级计算机可以完成人类或普通计算机无法完成的工作，比如预知全球天气，模拟大气、气候和海洋的变化，预测地震和海啸。在威胁生命的高危行业，如地下采煤、高空作业、爆破和石油勘探等领域，超级计算机也可以帮我们把危险降到最低。除此之外，电影特效、飞机设计、汽车生产、医学制药、人工智能、基因分析、卫星发射……几乎我们生活的每个领域，都有超级计算机的身影，它的运算能力是一个国家科技和生活进步的阶梯。

我国超级计算机正在飞速发展，在世界超级计算机 500 强中，我国"天河一号"计算机开创了中国首个世界第一，"天河二号"计算机曾连续六次获得世界第一，我们的"神威·太湖之光"超级计算机也曾四次夺得世界第一。在过去十年中，世界超级计算机 500 强榜单中，几乎一半以上时间是由我国超级计算机占据着世界第一的位置。超级计算机是世界各国竞相角逐的科技制高点，是国之重器。

超级计算机到底有多快，先来看看人类可以算多快。

我们人类最快的运算速度大约是每秒做 5 次加法运算。1946 年诞生的世界第一台通用计算机（ENIAC），每秒可以做 5000 次加法运算。我们人手一台的智能手机，也是一台小小的计算机，它的计算速度已经达到每秒几十亿次。

如果把一台普通计算机的计算速度比作走路，那么，超级计算机的计算速度就已经达到了火箭级别。

计算速度

ENIAC   普通计算机   超级计算机

"天河一号"是我国十几年前造出来的超级计算机，它在当时是世界上最快的超级计算机，拥有每秒**千万亿次**的计算能力。这是什么概念呢？也就是说，"天河一号"1小时的工作成果，需要13亿人连续算上300多年。

　　"神威·太湖之光"超级计算机则是我国第一台核心部件全部采用"国货"造出的超级计算机，还拿下了好几次"世界第一"。不仅如此，它是人类第一次迈过**十亿亿次**计算整数关的超级计算机。它1分钟的计算能力相当于全世界70多亿人，拿着计算器连续不间断计算30多年。

　　这些超级计算机的速度已经快到难以想象了，是不是已经够我们人类用了呢？科学家们并不这么想，有更多超高难的问题正等着速度更快的超级计算机去解决。经过十几年的努力和研究，科学家们把超级计算机又推入了一个新的速度时代，也叫"**E级计算时代**"。

　　E级超级计算机被全世界公认为"超级计算机界的下一顶皇冠"，它每秒的计算能力可以达到**百亿亿次**，它1小时的计算量相当于全世界70多亿人一起计算几万年！

　　超级计算机的速度是建立在我们人类不断求知基础上的，只要人类不停止想象，不自我满足，超级计算机的速度就不会停步，永远会有更快的速度、更新的"皇冠"。

　　超级计算机为什么可以算得那么快？听说它不用休息，不用睡觉，它是不是拥有什么厉害的宇宙能量？

　　最早期的计算机就像一头大象，它的运算能力非常强，但孤零零的，没有帮手，力量非常有限。

随着技术的发展，人们用高速网络把一个个小**计算核心**连在一起，让它们一起工作，就成了如今的超级计算机。

一台超级计算机里面，有几十万甚至上百万的计算核心。打个比方，每个计算核心就像

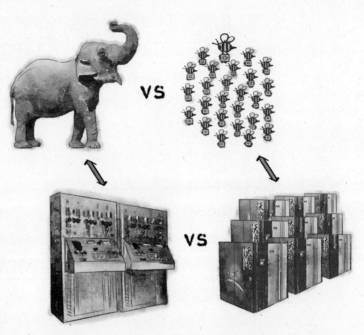

一只小蜜蜂，单看每只小蜜蜂似乎都很弱小，但当它们凝聚在一起嗡嗡飞舞时，就组成了一支拥有超级算力的"蜜蜂军团"。集体的力量是无敌的，这样一台超级计算机的运算速度，快到超乎人们想象。

超级计算机一旦开起来，就要一直运行下去，可以说是 24 小时、365 天不停歇。因为开关机会影响超级计算机电子零件的稳定性，增加它的故障率，所以只要不停电，超级计算机就会一直运行下去，一刻也不停歇。

这些超级计算机不眠不休地运行，可以帮我们省下大量时间。比如 30 年的气象数据用一台普通计算机分析，需要 20 多年；借助超级计算中心的超级计算机来分析，只需 1 个小时。做汽车碰撞模拟实验时，用普通计算机来模拟，需要 1 年才能完成；如果在超级计算中心做模拟，不到 15 分钟就可以完成。

深圳、广州、济南、长沙等地也建起了国家级超级计算中心。它们每天不眠的灯光，见证了我国超级计算机的飞速发展历程。

超级计算机这么厉害，是不是只有科学家才用得到它，实际生活中，超级计算机可以帮我们做些什么呢？

生活中，超级计算机就像一个"算题达人"，什么问题都难不倒它，它的运算能力可以帮我们算天、算地。

算天。 现在的天气预报越来越准了，甚至可以精确预知台风、暴雨的时间，及时提醒大家关好门窗、不要外出，这全是超级计算机的功劳。它是怎么做到的呢？

在国家超级计算广州中心，我们的"天河二号"超级计算机就在为天气预报服务。在"天河二号"眼中，广州被分成了几千个1平方千米的小格子，每个格子里都有地面气象站或气象卫星观测到的天气数据，比如气温、湿度、风向、风速、气压等。"天河二号"通过已知的物理规律和算式，计算出这些数据的变化规律，每12分钟就能预报出每一块小格子未来6小时的天气。这意味着，无论我们去哪旅行，都可以准确知道我们所在地的天气，再也不用担心突然淋雨了。

除了预报天气，宇宙的演化、行星的发展、飞船的运行轨迹，甚至探索外星球，都要靠超级计算机来计算和模拟。在科幻电影《流浪地球》里，有一段地球被推着走的情节，推动地球的反应堆叫核聚变反应堆，有点儿像太阳发出的能量。我们的天河系列超级计算机就在支持着我国"人造小太阳"的聚变反应堆研究，这可以帮助我们搞定未来的能源问题。

算地。 超级计算机也与我们的生活息息相关。爸爸妈妈开车要加汽油，做饭要用天然气，这些生活中每天都在用的能源，背后都有超级计算机忙碌的身影。

现在科学家们寻找石油、矿藏，会用超级计算机来分析野外采集回的地质数据，以此描绘出一幅地下图像，就像给地球做CT，可以更快地发现资源，大大提高了开采效率。比如在一块有两个半篮球场那么大的地方勘探石油，用普通计算机测算数据，大概要一个多月才能完成，而在"天河一号"上，只用 16 个小时就完成了全部数据测算。

现在，世界上有两个超级热门的尖端科学：基因科学和人工智能。超级计算机在这两个领域有没有什么贡献呢？

当然有啦！超级计算机的强大算力，帮这两个领域的科学家们解决了不少难题，节约了许多时间。

在基因科学方面，科学家们用超级计算机解读了大量的**基因大数据**。

基因是什么呢？它有点儿像每个人的专属二维码，储存着我们的身体特征。它还带有遗传性，爸爸妈妈可以把他们的特点都通过基因传给我们，比如卷卷的头发、高高的个子、白皙的皮肤等等。

科学家们运用生物、化学和物理的方法，把一个人的基因变成数据，但这份数据非常庞大，如果打印成一本书，厚度将超过 100 米！这么大的信息量，幸好有超级计算机帮忙。科学家们把许多人的基因数据输入超级计算机中，超级计算机再对这些数据进行分析、对比，就可以总结出这些基因的主人身体有哪些缺陷，是不是容易得重大疾病等。

除了发现疾病，超级计算机还可以帮我们开发治疗的药物。我们的"天河"系列超级计算机已经帮助了 2000 多个科研团队，在几十个重大领域发挥了它的强大威力。可以说，超级计算机正在一点点地改变着世界。

在人工智能方面，超级计算机一直在帮助机器**深度学习**。

人工智能，又叫 AI，它可以让机器拥有人类听、说、读、写的能力，像人类一样思考、解决问题。

我们日常用的很多东西都是人工智能，比如美颜相机、人脸识别、打车软件、地图导航、手机里的语音助理、无人驾驶、智能家居，甚至是快递……它们自己就可以帮你把事情做完。

人工智能既然已经这么聪明了，它还需要超级计算机帮忙吗？当然啦！人工智能的"聪明才智"都是超级计算机经过大量运算的结果。

人类需要从小学习知识，人工智能也需要不断学习。目前最高级的人工智能研究是模仿人类大脑的神经网络，建立一个可以学习并且会思考的"**数字大脑**"，让机器通过这种"大脑"，从海量数据中学习并发现规律，再从这些规律中做出对未来的预测。

这是非常难的课题，因为人脑有大约一千亿神经元，模拟人脑需要超大规模的计算能力，只有超级计算机才可以做到。

超级计算机每天都在支撑这些人工智能的训练，它提供的海量运算，让人工智能拥有了识别和推理能力。比如无人驾驶的出现，就是因为在超级计算机的大数据支持和训练下，机器对环境的识别和判断越来越准确了。

超级计算机将助力我们过上更美好的生活。

【小问号】

人工智能会取代人类吗？

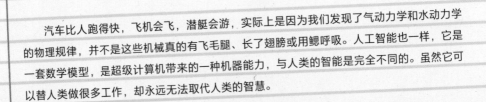

汽车比人跑得快，飞机会飞，潜艇会游，实际上是因为我们发现了气动力学和水动力学的物理规律，并不是这些机械真的有飞毛腿、长了翅膀或用鳃呼吸。人工智能也一样，它是一套数学模型，是超级计算机带来的一种机器能力，与人类的智能是完全不同的。虽然它可以替人类做很多工作，却永远无法取代人类的智慧。

强国筑梦，大师寄语

孟祥飞　国家超级计算天津中心应用研发部部长
"天河"守护人

　　我们每一个人都是有 7000 亿亿亿颗原子的小宇宙，我们也是中国富起来的新一代，但是我们要知道富起来的中国从哪里来。现在我们又在开启强国建设的新征程，超级计算机可以帮我们算天算地再算人，未来可能一切皆可算，而这一切都需要我们人类的智慧做支撑，我们要激发我们的小宇宙，让我们成为新征程上奋发有为的强国一代。"超算"的未来期待你来贡献智慧。

中国工程院院士张履谦

雷达是具有超能力的千里眼吗？

　　雷达是一种灵敏的探测器，它可以发射出无线电波来寻找目标、定位目标，还能识别目标。因此，雷达也被称为"千里眼""顺风耳"。雷达是个"搜寻"能力强大的小侦探，无论白天、黑夜，它都能探测。

　　我们的生活中处处有雷达在帮忙。飞机上的雷达可以确保航行的准确性和安全性。汽车倒车雷达会帮我们探测后方是否有障碍。交通导航、扫地机器人、无人驾驶汽车等等，也都用到了雷达。雷达就像一个望远镜，帮我们看清那些目力不及的地方。

　　雷达在军事上也有很多用处，比如防空预警雷达、对海警戒雷达、战场监视雷达、炮瞄雷达等等。科学研究自然也少不了雷达的身影，比如气象雷达、海岸探测雷达、探地雷达等。

　　在一代代科技工作者的不懈努力下，我国雷达技术已达到世界先进水平。相信未来，会有更多关于雷达的绝妙设想可以成真！

雷达是一个敏锐的"巡逻兵"。第二次世界大战期间，英国就是凭借"本土链"雷达网来搜寻德国飞机，成功抵御空袭的。那么，雷达是怎样测定目标距离和速度的呢？背后有什么原理吗？

　　无线电波是一种**电磁波**，我们的手机、WiFi、蓝牙耳机都会用到它。雷达则是一种可以发出无线电波的探测器，无线电波一碰到障碍物，就会反射回来，被雷达接收，再经过计算，就可以测出障碍物的大小、位置甚至是速度。

　　举个例子，雷达发出的无线电波就像一位匀速往返跑动的运动员，他前方有一个目标，他要抵达目标后再跑回来，才算完成比赛。裁判吹哨后，开始计时，运动员向目标跑去，抵达后又折返回来，完成了一次往返跑。裁判可以用运动员的速度乘以时间，算出运动员跑的总距离。又因为是一去一回，所以要除以2，就得到了起点到目标的精确距离。雷达就是用这样的方法测距的。

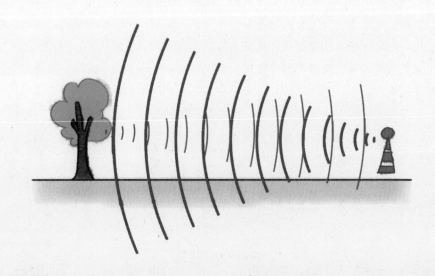

高速公路上经常有雷达测速，超速会被罚款。那么，雷达又是怎么测速的呢？这就要讲到有名的"**多普勒效应**"啦！一列火车迎面驶来时，汽笛声越来越嘹亮，但当它离开时，汽笛声则越来越小。这就是多普勒效应，无线电波在接近观察者时，频率会变高；远离观察者时，频率就会变低。

雷达测速就是应用了这个原理。高速公路上的雷达不断发出无线电波，遇到飞快行驶的车辆时，无线电波的频率就会被改变。雷达接收到这些"变形"的回波，计算出频率发生了多大改变，就可以得出车速快慢了。

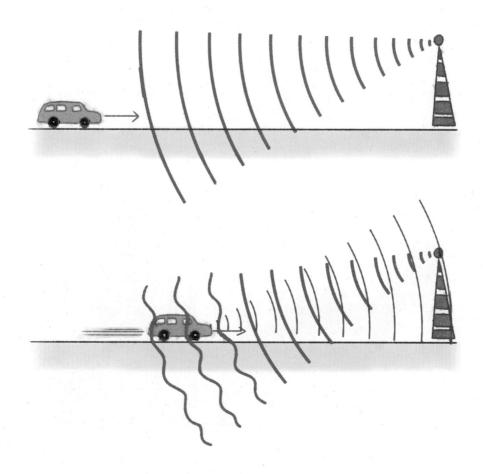

　　雷达是通过自身的发射机发出**无线电波**来探测障碍物。蝙蝠则是用嘴巴发出**超声波**来探测障碍物。

　　蝙蝠的嘴巴发出的超声波遇到物体，反射回蝙蝠耳中，蝙蝠靠听到的回声就可以知道障碍物的距离和方位，哪怕在一片黑暗中，也能畅行无阻。靠这种天赋，蝙蝠还可以捕捉猎物。科学家们给蝙蝠的这种探测方式取了一个名字，叫作"**回声定位**"。

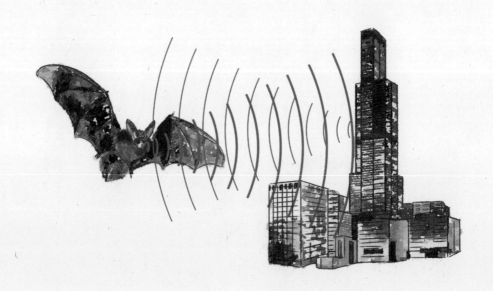

雷达的工作原理和蝙蝠的回声定位十分相似。它们的区别在于，雷达发出的是无线电波，是一种电磁波，由电磁振荡产生，在真空中传播的速度约等于光速，可以达到 30 万千米 / 秒；蝙蝠发出的超声波则是一种机械波，是能量在空气中的振动，速度只有 340 米 / 秒。

另外，蝙蝠只能发出超声波来定位，雷达却可以发出不同波长的无线电波，比如长波、短波、微波，甚至红外、激光等等，来实现不同探测目的。

> 无线电波有长有短，雷达的种类因此也五花八门，有短波雷达、超短波雷达、微波雷达、毫米波雷达……这些不同波段的雷达有哪些不同用处呢？

无线电波按照波长可以分为：超长波、长波、中波、短波、超短波和微波。科学家们研究这些无线电波，发现了一个规律：波长越长，频率越低；波长越短，频率越高。那么，这会带来什么影响呢？

低频的无线电波的大气穿透力比较强，远程探测性能会比较好，可以探测远距离的飞行体，但分辨率低，精度会很差，也就是"看"不清楚。高频的无线电波，大气穿透力差，探测距离受到约束，但因为分辨率高，会探测得更精细、准确，"看"得非常清楚。

雷达普遍采用的工作波段集中在超短波和微波范围。超短波，一般叫米波，波长在 1 ~ 10 米，多用于防空警戒。微波则是分米波、厘米波、毫米波和亚毫米波的统称，波长在 0.1 毫米 ~ 1 米。由于波长较短，可以进行精准的定位、瞄准和识别目标，是防空、反导武器的好帮手，也广泛用于飞机和船只导航、对地测量和气象观测等。

毫米波雷达波长极短，可以识别更小的目标，更精细地成像，抗干扰能力也更强，是精确末端制导的优选。

　　天波超视距雷达用的是短波频段，波长已经达到 100 米到 10 米，这种雷达可以监测几千公里的超远距离，是侦测洲际导弹的好帮手。也有一种地波超视距雷达，采用长波、中波和短波频段，电磁波沿地球表面绕射，在海面传播得很远，因此大多用于海上探测。

【小问号】

倒车雷达用的是无线电波吗？

　　倒车雷达虽然叫"雷达"，但它用的是跟蝙蝠一样的超声波，而非无线电波哟！在汽车尾部装着超声波探头，当汽车倒车时，探头就会发出超声波，来测定周围是否有障碍物，并发出声音提醒司机。一旦超声波探测出汽车离障碍物过近，就会发出急促的提醒音，来提示司机。

　　倒车雷达为什么不用无线电波，而用超声波呢？这是因为，倒车雷达需要测距的范围在 0.1 米至 3 米，而且只检查车尾附近的障碍物。无线电波中的微波虽然适用于这个范围，但它信号处理要求高，接收和发射要稳定，而且从价格上来说，超声波探头也比较划算。因此综合来看，超声波是倒车雷达最好的选择。

军事上，雷达既能为我们提供预警，又能辅助武器精准打击目标。那么日常生活中，利用雷达的原理，可以帮我们做些什么呢？

利用雷达的原理，可以为我们的日常提供许多帮助。

B超就是利用雷达的原理做出来的。用B超检查身体可以探测身体的各个器官是否正常，比如体内有没有肿瘤，心脏的跳动是不是正常，腹部有没有肿块等等。

再比如气象测量用到的气象雷达。云有多厚、雨有多大、雾有多浓、台风有几级，都可以用气象雷达探测出来，让我们出门之前掌握准确的天气信息。气象雷达不只能预报天气，还可以为飞机提供航路两侧的气象情况，保障飞机的飞行安全。

雷达也能用来探测鱼群，比如在飞机上装载雷达探测仪，可以探测到海里活动的鱼群，再通知渔船去对应地点捕捞，提高了捕鱼的效率。

雷达还可以用来修补道路下面的空洞。使用三维探地雷达来扫描路面，就像给路面做B超，可以清楚地看到地下5米之内是否有空洞，提前避免地面塌陷的危险。

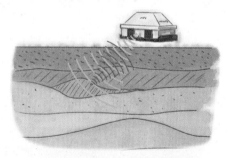

飞机在天空飞行时，如何避免与另一架飞机相撞？这也要靠雷达来帮忙。空中交通管制就是一种避免飞机之间相撞的系统，利用雷达来监控地面机场的飞机起降、空中航路、飞行高度和方向等，确保飞机从起飞到降落的安全。

雷达已经无处不在，到处都能见到它的身影。随着科技不断发展，雷达技术也一直在更新，未来，它还会带来哪些惊喜呢?

量子雷达是一种各国争相研制的新型雷达，靠接收量子信号来探测物体，它的抗干扰能力非常强，还可以探测隐形战机，将对未来战场产生巨大影响。

太赫兹雷达能够隔着障碍物探测目标，也就是具有"穿墙"的能力。假如我们要开一场秘密会议，隔壁房间有没有人偷听，用太赫兹雷达都可以探测出来。太赫兹雷达波长极短，因此可以做到精细探测目标，提供高质量图像。太赫兹雷达也是隐形战机的克星，曾被评为"未来改变世界的十大技术"之一。

随着 5G 甚至 6G 通信技术的发展，雷达的用处就更多了。假如雷达在战场上探测到了敌方信息，就可以把大量前方阵地信息传输到远方的最高作战指挥室，让指挥员了解到战场上的真实情况。所以未来，一旦雷达和通信结合起来，我们就可以实时和遥远的地方互交互联。

随着科技不断进步，雷达的发展将是前途无量的!

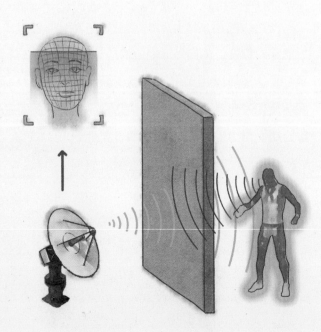

强国筑梦，大师寄语

张履谦　　中国工程院院士　　雷达与空间电子技术专家

实现航天强国、科技强国，实现中华民族的伟大复兴，是青年一代的时代使命。你们是新时代的建设者、开拓者，也是新时代事业的贡献者。千里之行，始于足下。希望大家志存高远，有志气、有抱负、有作为。希望同学们好好学习、锻炼身体，从小打下科学技术知识基础，长大后，勇担时代赋予的光荣使命，为祖国、为人民、为新时代的建设，贡献自己的力量。

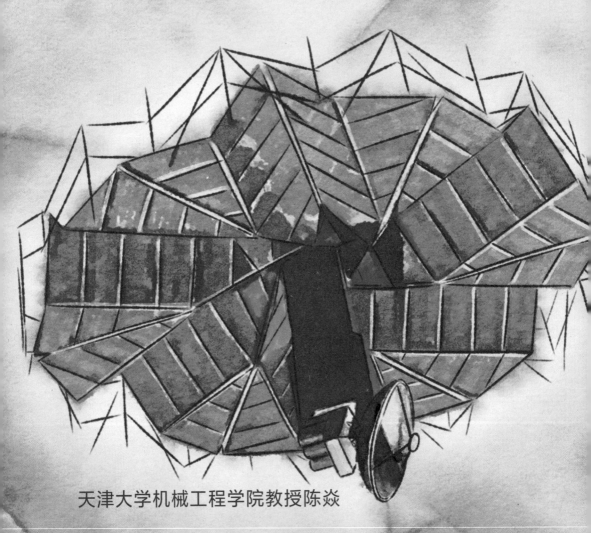

天津大学机械工程学院教授陈焱

折纸也是一门前沿科技?

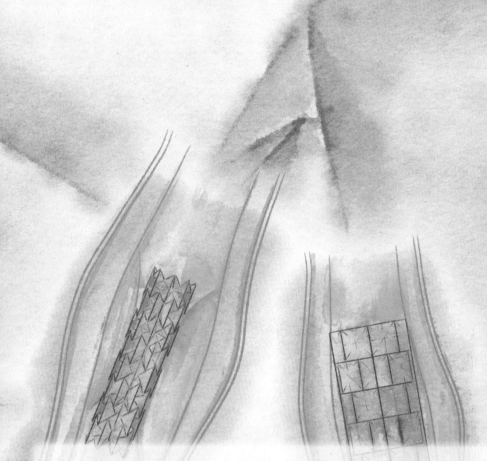

你能把一张纸折成什么？一只纸鹤、一朵花、一架飞机，还是一艘船？科学家们却将折纸应用于航天、医疗、建筑，甚至机器人等领域，将折纸折成了不可思议的科技。

有时，我们希望一种东西可以变得很小，便于储存和运输；有时，又希望它变得很大，方便工作和使用。折纸科学就是一门解决变大变小难题的新兴前沿科学。它可以通过折叠，把物体缩小；也可以通过展开，让物体变大。

我们发射上天的太阳能板、卫星天线，都是借助了折纸科学，才做到把几十米，甚至上百米的大尺寸结构，放入小小的太空舱中。医疗领域的微型折叠器械、建筑领域的折叠屋顶，也采用了折纸的奇妙创意。把折纸科学用在人造材料的结构改造上，甚至可以做出隐形斗篷和隐形战机。

从广袤无垠的太空，到我们身体里微小的血管，都在享受着折纸带来的便利。折纸科学正在不断攻破各个领域的科技难题，相信在未来，小小的折纸一定会创造更多想象不到的奇迹！

折一张薄纸很简单，厚纸却难以被折起，厚板折纸更是一项"国际难题"，直到科学家们开创了全新的厚板折纸理论模型，才终于搞定这个问题。厚板折纸究竟是怎么实现的呢？

一张薄薄的纸，我们将它折叠几次，就可以把它变小。然而一张厚度达到1厘米的纸板，我们按照与薄纸一样的折痕折叠，却无法把它变小。这是因为厚板的结构太过紧密，厚度阻碍了它被折叠。

怎样像折纸一样折叠厚板呢？这就是国际上所说的"**厚板折纸**"难题。很多产品在设计时，会忽略材料的厚度，按照0厚度的薄纸特性来设计结构，然而拿到真正的材料才发现，没有考虑厚度，设计根本无法实现……

科学家们是怎么解决这个难题的呢？我们都吃过生日蛋糕，厚厚的生日蛋糕是用刀切开后，才分成一块块的。如果把厚板按折痕切开，成为独立的几块，再想办法把它们"粘"起来，并让连接处有足够的活动空间，那么厚板是不是就可以被折叠了呢？一点儿没错！但新问题又出现了，这样折叠的厚板无法压平，无法紧密折叠。

我国科学家为了解决这个难题，按照空间机构运动学的基础理论，来设计厚板折叠的立体图形，用切开的几块厚板组成了一个巧妙的"**机构**"，使厚板不但可以被折叠，还可以被紧密折叠。

机构就像一个运动系统，它可以把几个构件组合在一起运转，再带动其他构件运动。比如手表中的齿轮机构，齿轮的转动带动了手表指针的转动；跑步机上的传送带机构，滚轮的转动，带动了传送带运动。因此简单地说，机构是一种传动装置。厚板原本因为厚度无法折叠，但科学家们把切成块的厚板设计成了一个机构，机构就可以使厚板灵活运动，像门板开合一样。当然啦，机构还需要科学家们更加复杂而又巧妙的设计，比如厚板的某一块要设计得薄一点儿，某一块又要厚一点儿，厚板才能真正被紧密地折叠起来，并且可以压平。

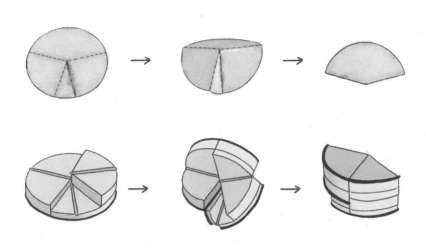

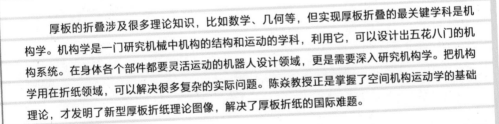

【小问号】

"厚板折纸"的难题主要是靠哪门学科解决的呢？

　　厚板的折叠涉及很多理论知识，比如数学、几何等，但实现厚板折叠的最关键学科是机构学。机构学是一门研究机械中机构的结构和运动的学科，利用它，可以设计出五花八门的机构系统。在身体各个部件都要灵活运动的机器人设计领域，更是需要深入研究机构学。把机构学用在折纸领域，可以解决很多复杂的实际问题。陈焱教授正是掌握了空间机构运动学的基础理论，才发明了新型厚板折纸理论图像，解决了厚板折纸的国际难题。

从天到地，从大到小，折纸科学在我们生活的各个方面都能派上大用场。

我国**航天事业**越来越强大，会把许多东西发射到太空里，然而运载舱或航天飞船装东西的空间非常有限，太阳能板、卫星天线又非常大，长达几十米甚至上百米，怎么把它们带到太空中去呢？这时就要用到折纸科学了。

航天结构工程师会在地面把这些太阳能板、卫星天线紧密折叠好，放到火箭整流罩内部，或放入宇宙飞船船舱里，到达太空后，再重新展开。有些卫星天线由于要达到理想精度，不能采用容易折叠的薄膜材质，只能用板类材质，因此还要用到折纸科学中的厚板理论来解决折叠问题。折叠技术解决了很多航天科技上的难题，也间接决定了飞行器的尺寸。

航空领域也会用到折纸科学，比如新一代的"变翼飞机"。所谓"变翼"，是指机翼外形可以改变，翼展能从 12 米伸展到 20 米，甚至更大，从而改变飞行速度或状态。比如机翼折叠后阻力减小，便于高速飞行；

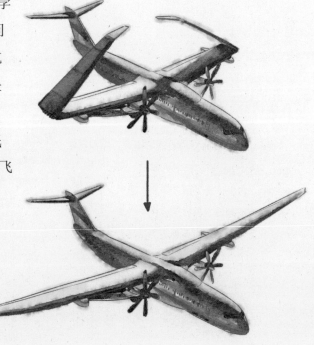

机翼展开后获得升力，又便于长时间飞行。

建筑设计中也少不了折纸科学的助力。比如一些大型体育场馆的屋顶，可以自动折叠展开，天气不好时屋顶展开，体育赛事可以顺利进行；天气好了，屋顶再重新折叠起来，保障体育场获得充足的光照。世界各国的体育场想出了五花八门的折叠展开方式，有从两侧向中间折叠展开的，还有从一侧向另一侧折叠展开的……折纸的科学让建筑充满科幻色彩。

在人体狭小的腔道空间里，折纸科学也可以发挥大用处，帮我们探索身体里的健康密码。那么，折纸科学在医学领域有哪些值得期待的研究呢？

微创手术机器人"妙手 S"，是天津大学机械学院主要的研究方向之一，其中手术的夹钳也用到了折纸科学。微创手术的夹钳很小，要把它送到人体内部去，还要夹持身体组织，如果采用传统夹钳的简单结构，夹持力会比较小，而且不能夹大组织。因此科学家们通过折纸的方案，改进了夹钳，它的夹持力很大，张角也比较大，对身体组织的操作也很灵活。

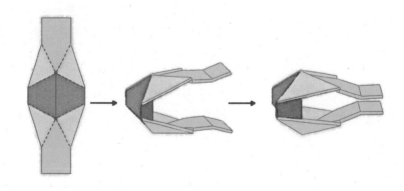

各国都在研发医疗领域的折叠机器人，因为它可以缩小后进入人体各个部位，再展开后进行搬运、传输，甚至手术。曾有国外科学家发明了一种微型折纸机器人，表面看只是一张小纸片，然而它按"纸"上折痕自动折叠起来，就可以变成一个会行走、会搬运、会爬坡的机器人，它完成工作后，还能自行溶解。

我国科学家们也在研究液体环境下可以自主运动的机器人，希望将来把它们送入血液中，来输送药物。另外，一些血管中的支架也用到了折纸科学，它们在血管中如何以最好的方式展开，对各国科学家来说都是一个正在攻克的难题。

未来，在越来越先进的医疗领域，相信这些神奇的可折叠机械一定会给人类带来巨大帮助。

如果有一条橡皮筋，把它拉长，它一定会变细，这是自然材料的特性。然而有一些"超材料"在拉伸时，却可以变大、变宽，因为它用到了神奇的折纸科学。这种奇特的现象到底是怎么回事呢？

超材料是一种人造复合材料，它具有精密的几何结构，也因为这种人工设计结构，使它拥有了天然材料所没有的超常物理"特长"。

举一个简单的例子，战斗机飞行员在高空做各种翻滚动作时，加速度特别大，安全带会拉伸得特别厉害，如果用正常的弹性材料来做，安全带由于拉伸，就会变得很细，不但飞行员会感到不舒服，还会带来危险。如果安全带用超材料来做，随着拉伸，安全带反而变宽，就会安全得多，飞行员也会觉得舒适了。

超材料是怎么做到在拉伸时变大、变宽的呢？这是因为超材料的结构用到了折纸科学。比如折纸中有一种多层结构，它就像一个"压扁"的纸灯笼，当我们向外拉伸它，就会看到它的长、宽、高三个尺寸都在变大，变成了一个更

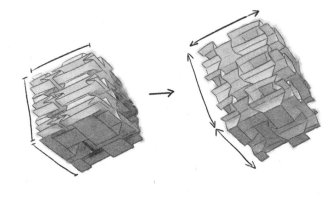

大的立体灯笼。如果科学家们有办法把这个可伸缩的多层结构做成一个一个非常小的单元，用在安全带设计上，就可以实现安全带在拉伸时变宽的神奇效果啦！

哈利·波特有一件隐身斗篷，只要披上它，就可以消失不见。其实，隐身斗篷的原理并不是让人消失，而是让其他人看不见，或把自己融入背景。目前所有的"隐身"，比如声隐身、光隐身、热隐身，都是用超材料来实现的。世界各国都在研发的超材料隐形战机，可以通过智能调节战机的超材料结构，使敌方雷达探测不到，来实现隐身效果。

在折纸科学家的实验室里，每一个折纸结构都可能为现实世界的难题找到许多种解决方案。折纸科学中有哪些奇妙的结构呢？又会为我们的生活带来怎样的改变？

神奇的魔法背后都有科学原理支撑，折纸科学和不同材料的碰撞，也创造出了许多奇妙的结构。

Oloid 曲面：折纸科学家们正在研究一种名叫 Oloid 的曲面结构，它外表看起来像个奇特的立体"水滴"，却是由一张纸折出来的，展开后是一个平面，

所以 Oloid 也是一
种"可展曲面"。
假如没有阻力，它
可以在平地上一直
滚动下去，因为它

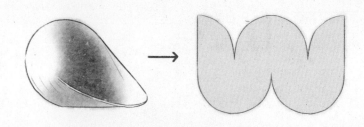

具有的势能和动能可以不停地互
相转换。更神奇的是，它滚动一周
划过的地面区域，刚好是它展开后
纸板的形状。是不是很神
奇呢？科学家们目前就在
研究各种各样看似"永动"
的结构，测试用什么方法
可以把它们损耗的能量，用
光能、热能等外部因素补充回去，做出不停
运动的结构。

非电能机器人：现在的机器人做得很漂亮，却有一个很大的局限，它必须背着大大的电池运动，无法独立行动。有没有办法用自然界的能量来辅助机器人运动呢？比如有一种对热敏感的材料，遇热就会变形，怎样用这些变形来驱动机器人，让它独立运动和工作呢？这也是折纸科学家们正在研究的方向。

模块化建筑：模块化建筑也叫预制建筑，是指在车间里做好一个个房间，到达现场后组装起来，就完成了搭建。模块化建筑对环境造成的污染非常小，属于绿色建筑。未来，如果我们在月球上建立基地，也需要盖房子，就可以参考这种模块化建筑。而且运往月球材料的多少，取决于运载舱的大小，材料折得越小、越紧密，运载舱能运上月球的东西就越多，这些都要靠折纸科学来解决。

强国筑梦，大师寄语

陈焱   天津大学机械工程学院教授

　　如果同学们长大后想从事科学研究方面的工作，就要从小多涉猎一些自然科学知识，多动手，多思考，而不仅仅是为了完成作业而完成作业。更重要的是，大家要多问"为什么"，不要每件事都想当然，多问为什么会这样，我能不能让它更好，多多思考如何把一件事做得更好，在科学研究上，也更容易取得成就。希望大家在生活中找到自己的兴趣，发掘兴趣背后的科学！

山东理工大学教授毕玉遂

你知道有一种 新型材料能 "补天"吗？

聚氨酯（PU）是世界六大"人工合成材料"之一，也被称为"第五大塑料"。它的本领可大了，不但有韧性、耐磨、耐油、耐低温、耐老化，还有极好的黏合性和弹性，因此我们生活中处处都会用到聚氨酯，比如涂料、粘胶剂、密封胶、床垫、坐垫、沙发、汽车内饰、冰箱保温层、鞋底、PU人造革、体育用品等等，这些都是聚氨酯的"杰作"。塑胶跑道和足球这两种完全不同的东西，也是由聚氨酯担当主要原材料的！

过去，用于聚氨酯发泡的发泡剂是氟利昂等氯氟烃物质，是有名的"臭氧层杀手"，严重破坏环境。随着科技不断进步，我国科学家研制出了无氯氟聚氨酯新型化学发泡剂，它不会破坏臭氧层，间接达到了"补天"的效果，解决了困扰全球多年的环保难题。国家知识产权局也极大地肯定了这种新型化学发泡剂，说它是革命性、颠覆性的发明！这项发明也为聚氨酯泡沫材料产业带来了光辉、美好的前景。相信经过科学家们的不懈努力，会创造出更多环保新材料。

古人曾用真皮皮革缝制古代足球。随着材料科学的进步,足球的材料由皮革变成了聚氨酯。用聚氨酯材料制作的足球,圆度好,弹力强,表面受力后会迅速回弹,抗冲击力强,非常耐磨,强力防水,飞得极快,操控性好,飞行轨迹不会偏移,因此足球运动员们可以更精准地预测足球的落点。难怪从 1986 年世界杯到 2018 年世界杯,每个聚氨酯足球都为足球运动员们带来了出色的体验感和操控感!

聚氨酯、聚氨酯发泡剂、聚氨酯泡沫……这些名字实在太像了,它们难道是"三胞胎"?它们之间到底是什么关系呢?

　　聚氨酯是一种**高分子材料**,1937 年由德国科学家拜耳发明,至今已经有80 多年历史。我们在聚氨酯材料的制备中加入聚氨酯发泡剂后,聚氨酯就会膨胀、发泡，变身成聚氨酯泡沫。

打个比方，我们蒸馒头之前，要先在面粉中加入酵母，酵母可以让面"发"起来，也就是膨胀，之后我们再把发好的面揉成面团，放在锅里蒸，胖乎乎的大白馒头就做好了。

聚氨酯发泡也类似做馒头的过程，聚氨酯发泡剂就像酵母，聚氨酯泡沫就像蒸好的大白馒头。

把一种叫作黑料的原料、一种叫聚醚多元醇的原料，还有催化剂等助剂混合成聚氨酯原料，与聚氨酯发泡剂混合在一起，放在一个杯子中，经过搅拌，很快就可以看到溶液慢慢膨胀起来，甚至冒出杯子，就像烤箱中不断变大的蛋糕，而且速度极快，等冷却后，聚氨酯就变身成聚氨酯泡沫啦！聚氨酯发泡剂的作用是不是很神奇呢？

生产聚氨酯泡沫的工厂会用电脑来控制各种原料与发泡剂混合的比例，把混合好的溶液倒在传送带上，就能迅速膨胀成聚氨酯泡沫，再用刀切割整块的聚氨酯泡沫，冷却后，一块块聚氨酯泡沫就成型了。

制成聚氨酯泡沫后，用途就更多了，在家具、纺织、体育、建筑、运输、医疗、汽车、航天等领域中，都少不了它的参与。

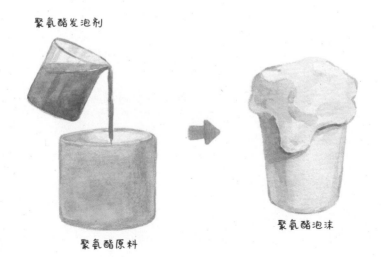

聚氨酯发泡剂

聚氨酯原料

聚氨酯泡沫

聚氨酯发泡剂是制造聚氨酯泡沫的"神器"，不过它也是"臭氧层杀手"，对环境极不友好。因此，我国科学家发明了绿色环保的"无氯氟聚氨酯新型化学发泡剂"，它有哪些创新之处呢？

太阳紫外线照射地球大气层，于是在大气层中形成了**臭氧层**。臭氧层可以保护地球上的人类和动物不被紫外线晒伤；也可以防止气温下降，是地球的"保暖衣"；它还能加热大气，促进大气循环。然而，过去的聚氨酯发泡剂——**氟利昂**，却是一位"臭氧层杀手"，它释放出的氯原子会破坏臭氧层，就像把"天空"撕扯出一个个"窟窿"。没有臭氧层的保护，地球就会直接暴露在强烈的紫外线照射下。如今氟利昂这种发泡剂已在全世界范围内禁用。

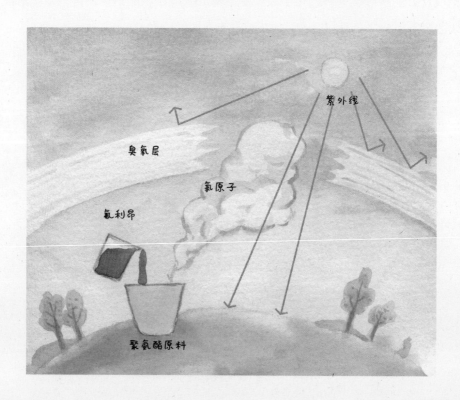

为了保护臭氧层，人们用氢氟碳化物发泡剂取代了氟利昂。然而这种发泡剂对环境也并不友好，虽然不破坏臭氧层，却会产生强效的**温室效应**，导致全球升温、冰川融化、海平面上升、病虫害、沙漠化甚至缺氧等后果，危害人类生存。如今，作为发泡剂的氢氟碳化物也是一类温室气体，它的用量还在不断增加。为了保护环境，我们也会逐步禁用氢氟碳化物发泡剂。

那么，有没有不破坏地球环境的聚氨酯发泡剂呢？我国科学家为此苦苦研制了13年，终于发明出绿色环保的"无氯氟聚氨酯新型化学发泡剂"。这是目前只有我国掌握的核心技术，它的诞生为聚氨酯泡沫产业找到了一条崭新的路。

这款新型化学发泡剂最大的优点就是**环保**，它无氯、无氟，在制作聚氨酯泡沫过程中，不会释放破坏臭氧层的有害气体，也减少了温室气体的排放，对地球环境非常友好。它的发泡性能也非常优越，在低温或高温的情况下，仍能产出高质量的聚氨酯泡沫，可以用来替代不环保的氯氟烃类物理发泡剂。

科技带来更多便利，聚氨酯的诞生，也同样大大方便了人类的生活。聚氨酯加入发泡剂后，变成了聚氨酯泡沫。聚氨酯和聚氨酯泡沫在我们的生活中，都用在哪些方面呢？

聚氨酯神通广大，它有很多优点，比如耐磨、耐冲击、隔热、抗拉伸等，这些特质大大造福了体育产业。

用聚氨酯做的足球，踢起来脚感极佳；软软的塑胶跑道也是由弹力极佳的聚氨酯材料制成的；还有令人印象深刻的"神奇泳衣"——鲨鱼皮泳衣2000。它是一款仿生学泳衣，模仿了鲨鱼的皮肤，采用聚氨酯纤维材料制成，可以增加浮力。穿着它游泳，运动员在水中遇到的阻力会减小 3%，难怪这款泳衣也被称为"快皮"。2000 年的悉尼奥运会上，曾有运动员穿着这款鲨鱼皮泳衣夺得了 3 枚金牌。

聚氨酯生产过程中加入发泡剂后，变身为聚氨酯泡沫，它是优秀的新型合成材料，柔软、有弹性，隔热保温效果好，还有很好的缓冲能力。沙发上极富弹性的沙发坐垫就是用聚氨酯泡沫做的。汽车里软软的四壁和顶棚，也是聚氨酯泡沫的"作品"。

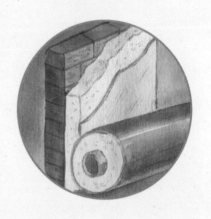

聚氨酯泡沫是所有保温材料中，导热系数最低的，常被用来做隔热、保温材料。冰箱、冰柜里厚厚的保温层就是用聚氨酯泡沫制成的。存放食品的大冷库也用聚氨酯泡沫来保温。聚氨酯泡沫还用于给液化天然气管道保温，或给一些运输船中货物的保温、保冷等。

新建筑完工之前，必须做保温层，就像给楼体"穿衣服"，这层"保温衣"也是由聚氨酯泡沫材料来做的。用它给楼体做保温，我们待在屋子里，冬天不冷，夏天不热，聚氨酯泡沫发挥了非常好的节能降耗作用。

如此看来，各行各业都离不开聚氨酯和聚氨酯泡沫的助力。充满科技含量的新型材料为我们的生活带来了非常多的便利，也大大提升了舒适感。

毕玉遂教授带领团队,研制出了环保的新型化学发泡剂,几乎可以淘汰全球范围内破坏环境的发泡剂,用智慧保护了我们的地球。这个"世界级专利"经历了怎样的研发过程呢?

"无氯氟聚氨酯新型化学发泡剂"从 2003 年开始研发,到 2011 年研制成功,再到 2016 年申请了 4 项国家发明专利和 1 项国际专利,一共经历了 13 个寒暑。这项饱含我国科学家汗水与智慧的科研成果,一下子卖出 5.2 亿元,创造了我国单项专利转让费最高纪录。

它为什么这么值钱？这是因为它是中国独有的专利技术，利用它，可以生产出成千上万个不同结构的发泡剂产品。曾经，聚氨酯发泡技术一直被国外垄断，如今，我国也拥有了自己的"颠覆性技术发明"，淘汰全球范围内破坏环境的发泡剂应该不会很久。

新型化学发泡剂研制过程中经历了许多波折，几乎是从零开始研制。因为没有任何理论基础支持，找不到实验方法，科研工作者们只能从在纸上一点点画分子结构做起。光是发泡剂的理论问题就研究了 5 年之久。搞定了理论部分，又开始了实验探索阶段。研究发泡剂的模拟实验纸杯一共用掉了 16 万个。科研工作者们做了大量实验，才终于调整好发泡剂的工艺参数，做到了各方面全优的品质，使新型发泡剂得以真正投入使用。

"无氯氟聚氨酯新型化学发泡剂"不只是中国独有的技术，也是全世界独有的技术。它的成功不但打破了国外在发泡剂技术上的垄断，为保护地球环境带来了更多可能性，也获得了全世界的瞩目，让我们距离科技强国的梦想更近了一步！

实验杯

强国筑梦，大师寄语

毕玉遂　　无氯氟聚氨酯新型化学发泡剂发明人
　　　　　山东理工大学教授

　　化学可以帮我们做很多事情，我们身上穿的衣服、我们用的很多日用品、我们的药品等等，都离不开化学。化学是一门非常好的科学，也非常神奇，为我们提供了很多便利。希望同学们可以从小培养兴趣，多做科学实验，把动手能力变成长大后的专业能力。只有对一件事情有兴趣，才能真正做好它。

　　很多科学家都是一生只钻研一个科学难题。希望大家未来可以把自己的兴趣和社会需求结合起来，求真务实，不追名逐利，认准目标，心无旁骛，一心一意去做好一件事，这就非常了不起了，不一定有多大的成功，只要努力了就不会后悔。希望同学们能够做一个有爱心的人、身心健康的人、爱科学的人、有作为的人，为国家、为人类做更多有益的事情。

眼视光学知名教授吕帆

人类的眼睛就像一部照相机？

　　人类的眼睛是一个神奇的光学器官，包含着 1 亿多个感光细胞，通过这些感光细胞，眼睛可以精确地把外界图像呈现在视网膜上，再传输至大脑视觉皮层，让我们清晰地"看见"这个精彩的世界。因此，眼睛也是我们身体中最重要、最独特的器官之一。

　　我们从早上睁眼醒来，到晚上进入睡眠，都在一刻不停地使用眼睛。尤其随着科技发展，电脑和智能手机的诞生，让眼睛的"工作量"陡增。越来越多的人变成了近视眼，从此戴上了厚厚的眼镜。

　　一项调查发现，我国近 50 年来，近视发生率大大增加，而且患上近视的人，年龄越来越小，近视程度越来越严重。从小学习健康用眼，养成良好的用眼习惯，已经变得刻不容缓。

　　只有拥有一双明亮的眼睛，才能去探索大千世界，在我们热爱的学科中游弋，长大后才能深入研究尖端科技、宇宙黑洞、航天飞船等神奇的领域。因此，我们应该马上行动起来，爱护眼睛，养成良好的用眼习惯，预防近视，才能拥有更光明的未来。

你知道眼睛具有怎样神奇的构造吗？

　　眼睛在整个人体中，虽然只占很小的部分，却起到了神奇而又关键的作用。眼球最外层是透明的角膜，就像一只隐形眼镜罩在眼睛外层，角膜是光线进入眼中折射成像的主要结构。眼睛的"眼白"部分也叫巩膜，起到支撑和保护眼睛内部结构的作用。

　　眼睛的"黑眼珠"中间有一个黑黑的小圆孔，叫作瞳孔。瞳孔是光线进入眼睛的通道，它可以用放大和缩小来控制进光量。光线变强，瞳孔就会缩小；光线减弱，瞳孔又会变大。

　　瞳孔周围带颜色的部分叫作虹膜，虹膜会因人种不同而颜色各异，有褐色的、蓝色的、棕色的等等。

　　晶状体位于虹膜和瞳孔后侧，就像一个透明且富有弹性的凸透镜，是眼睛获取图像的重要组成部分。

　　晶状体可以把光线聚焦于眼球后部的视网膜上，视网膜虽然只是一层薄薄的膜，却可以把得到的图像传递到大脑的视觉皮质，形成我们最终"看到"的图像。

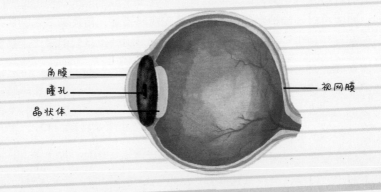

角膜

瞳孔

晶状体

视网膜

有人说，我们虽然是用眼睛来看东西的，但大脑才是负责"看见"的终极部分，这是为什么呢？眼睛到底是如何"看见"东西的呢？

人类的眼睛就像一部老式相机。老式相机有镜头、胶片等部件，眼球中的角膜、瞳孔、晶状体就相当于相机的镜头。外界光线进入镜头，最终会落在胶片上，实现成像，胶片就是我们眼底的**视网膜**。

当光线从瞳孔中射入，就会投射在视网膜上，视网膜再通过**神经系统**，把图像传送到大脑的**视觉皮质**中进行加工，处理成图像信息，眼睛才最终实现了"看见"的功能。

大脑中负责加工图像的系统就像一台电脑，而且科技含量极高，才能够把眼睛获取的信息最终处理成图像，让我们得以清晰地"看见"。因此，眼睛捕获图像的能力需要三大部分支撑："镜头"、"底片"和"电脑加工系统"。因此，有人说我们看东西不是用眼看，而是用脑看，指的就是图像信息从视网膜一直传到大脑的过程。

大脑是如何处理图像的呢？举个例子，假如我们用相机给一个朋友拍照，相机只能捕捉到他一个人的图像。然而我们有两只眼睛，每只眼睛都可以捕获一个人像，这就相当于到达视网膜的是两个人像。视网膜通过神经系统，把这两个人像传递到大脑，大脑也会获得两个人像。接着，大脑开始

加工处理，把两个人像进行重叠、融合，最终我们就只会看到一个人像，而且还是三维立体人像，这就是大脑处理图像的神奇能力。

因此，有人脑部出现肿瘤，压迫到视神经时，就会影响到视觉。这也是为什么说大脑才是负责"看见"的终极部分。

有研究统计，人类每天可以眨眼 1.44 万次左右。当有外物进入眼睛或我们感到悲伤、想打哈欠时，眼睛还会流泪……出现这些"怪现象"的原因到底是什么呢？泪液和普通的水是一种东西吗？

当眼睛遇到沙粒或小虫时，我们就会眨眼或流泪。眨眼和流泪都是人体保护眼睛的**防御机制**，让眼睛可以拥有良好的视觉。

泪液可以润滑眼睛，冲掉脏东西，消炎杀菌。眨眼则像擦玻璃，把玻璃擦干净，看外面也会更清晰。眨一次眼睛，就是对眼睛的一次"保洁"，眨眼可以维持良好的视觉功能。

泪液跟普通的水并不一样。泪液中含有很多**营养成分**，我们每次眨眼都会在角膜表面形成一层泪膜，虽然我们并没有感觉，但角膜却被这层薄薄的泪膜保护着。泪液也可以为角膜提供充足的营养物质，比如钠、钙等。泪液的酸碱度也很适合人体。这些都把它与普通的水区别开来。

当眼睛处在健康状态时，泪液也达到了微妙的平衡，我们不会感到眼睛干燥。然而长时间用眼泪液就会不够用，引发眼干和眼部不适。虽然科学家们发明了人工泪液来补充泪液，让眼睛保持润滑，但更重要的是注意养成健康的用眼习惯，这才是恢复眼睛明亮、滋润的关键哟！

"屈光学"泰斗缪天荣教授曾经说过，近视是长期"看近"锻炼出来的。"看近"为什么会导致近视呢？近视究竟是怎么形成的呢？

从科学角度来讲，近视是我们眼睛的**光学系统**出了问题，让远处的光线投射在了视网膜前。原本，外界光线进入眼睛，正好投在视网膜上，我们就可以看到清晰的外界图像。然而，当我们的光学系统出了问题，外界光线进入眼睛后，没有投射在视网膜上，而是投射在视网膜前，视网膜就留下了模糊的图像。如果我们把物体移近眼睛，它的图像仍会投射在视网膜上，看近处就仍是清晰的。因此，近视眼的特点就是看远处是模糊的，看近处仍很清晰。

随着科技不断发展，智能手机得到广泛应用，几乎成了我们身体的一部分。小小的手机屏幕让**看近**成为习惯，眼睛也在这种近距离"劳动"中超量工作。因为眼睛自然状态下是习惯看远的，看近则要调节"焦距"，让眼睛适应近距离，并集中在一点上，

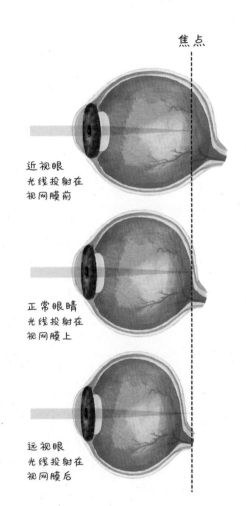

焦点

近视眼
光线投射在
视网膜前

正常眼睛
光线投射在
视网膜上

远视眼
光线投射在
视网膜后

才看得清楚。因此我们看书、看手机，经常会感到眼睛累，就是因为它一直处在"调焦"的工作状态下。

当眼睛看远时，整个眼部系统就会很放松。所以我们看一会儿书或手机，就要停下来歇一歇，看看远处，闭上眼睛休息一下，这都是为了让眼睛得到片刻的放松，缓解"看近"产生的疲劳感。

那么，如何才能预防近视呢？我国专家们发现，户外活动是预防近视最重要且有效的方式。第一，户外活动可以让眼睛暂时离开书本，得到休息；第二，在阳光充足的户外，我们的眼睛会接收到亮度充足的阳光，感受大自然连续且均匀的光谱，视觉力也会发生变化。

因此，我国在预防青少年近视战略中，提倡"一增一减"。一增就是增加在户外的活动时间，每天保持 1 小时到 2 小时的户外活动时间；一减是减少"看近"的时间和强度，减少学习负担。另外，学习知识时，我们也要保持健康的用眼距离，做到一尺一拳一寸。一尺指的是眼睛与书本的距离，一拳是身体跟桌子的距离，一寸是握笔时手与笔尖的距离。姿势的调节也可以帮助近视的预防。

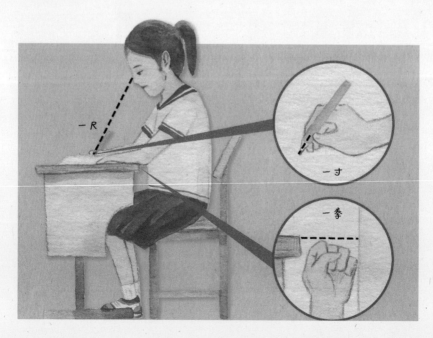

从妈妈肚子里的胎儿，到白发苍苍的老年人，在我们的一生之中，眼睛会经历什么样的变化呢？它会跟随我们一起成长和衰老吗？

刚刚出生的婴儿，全身最成熟的器官就是眼睛。也正因为如此，随着岁月流逝，人类最先衰老的器官也是眼睛。

大部分婴儿刚出生时都是**远视眼**，但并不会影响视力，因为婴儿的调节能力很强，看东西不会受影响。随着慢慢长大，小朋友会变成正视眼，也就是拥有视力正常的眼睛。

随着年龄不断增长，到了 45 岁左右，我们的身体开始老化，眼睛老花是衰老的标志之一。到了 60 多岁，由于身体代谢功能异常，很多人开始有了**白内障**，白内障也就是晶状体混浊，导致看东西模糊。到了 85 岁左右，有些人眼底则可能产生一些更严重的病变。

所以一生当中，我们的眼睛会发生很多变化。因此，我们在青少年时期，体检时要注意**检查视力**，看看是不是近视。45 岁以后，则要注意检查**眼压**。什么是眼压呢？我们按一按眼球，会发现它很饱满，正是眼压在支撑着眼中的物质。不过，眼压不能太高，也不能太低，一旦眼压过高，眼底神经就会受损。青光眼就是眼压过高导致的，所以眼压测量也是体检中非常重要的一项。60 岁左右，体检时则要注意检查是不是有白内障。到了 80 岁以后，就要注意**观察眼底**。提早发现眼睛的问题，可以尽早治疗，更快康复。

我国眼视光学在国际上占有重要地位，是世界眼视光学的"中国力量"。那我国这几年在眼视光学上，有哪些新发展和新成就呢？

全球很多科学家都在深入研究眼睛的学问。

传统的眼科学是研究眼睛疾病的学科，治疗方法以吃药、手术为主。当我们眼睛疼痛或看不清东西、患上眼病时，去医院看眼科，医生就会运用眼科学知识，为我们治疗眼疾。

现代的视光学在西方国家很流行，它是用光学的方法来矫正视力，比如光学矫正、激光治疗等。

这两门学科曾经像两条平行线，互不交汇，这就导致很多人看眼病时，不知该找眼科大夫做手术，还是采用视光学的激光治疗来矫正。实际上，这两门学科有很多可以结合的部分，经过深入研究，将会为我们带来更好的眼科治疗方案。

基于这个原因，我国优秀的眼科团队在国际上第一次把传统的"眼科学"和现代的"视光学"结合起来，开辟了中国首创的"眼视光学"专业，打破了两者之间的壁垒，还慢慢探索建立了眼视光医院。

温州医科大学是我国第一批招收眼视光医学方向大学生的医学院。经过30多年从无到有的发展，我国很多医院开设了眼视光门诊，也有越来越多的医学院设立了眼视光医学专业。

我国的眼视光学也为我们赢得了国际声誉和国际地位。我国温州医科大学的"眼视光学体系"被国际学术界夸赞为"世界上最好的眼视光学教育模式之一"。许多国家都会派留学生来我国学习。

我国眼视光学在国际上还有一个特殊的称谓，叫作眼视光的"中国模式"，这是我国眼视光学专家们经过不懈努力，为国家赢来的荣誉！

强国筑梦，大师寄语

吕帆　　　眼视光学知名教授　　　温州医科大学原党委书记
教育部临床医学教指委副主任

　　眼睛是心灵的窗口，同学们想丰富自己的头脑和心灵也要靠一双明亮的眼睛。从衣食住行，到学习工作，眼睛无时无刻不在为我们提供便利，让我们可以做想做的事。学习很重要，但爱护眼睛在我们的生活中也是非常重要且必要的。只有学会科学用眼，才能弄懂更多科学！希望同学们一起努力，保护眼睛，保护视力，享受我们这个美好、缤纷的世界。未来，用你们的一双"慧眼"，去探索和塑造更加不可思议的世界。

西南石油大学校长赵金洲

地球上的能源会有用光的一天吗？

　　能源是指可以提供能量的资源，比如太阳能、风能、煤炭、石油、天然气等。能源可以按性质，分为燃料型能源和非燃料型能源；也可以根据消耗时是否污染环境，分为污染型能源和清洁型能源；还可以按照在自然界中是否循环再生，分为可再生能源和不可再生能源。能源是人类赖以生存的保障，也是维持经济和物质的基础。

　　清洁能源是指对环境友好的能源，天然气、页岩气、可燃冰、核能、太阳能、生物质能、氢能、水能、风能等，都是典型的清洁能源。清洁能源将更好地预防和控制环境污染，保障大家的健康。

　　目前，我国还处在"煤炭时代"，石油和天然气的产量远低于世界水平，在清洁能源和可再生能源的利用上，更是任重道远。不过，经过我国油气行业几代人的艰苦攻关，我们已掌握了很多适合开采我国油气资源的先进技术，例如页岩气的压裂技术、可燃冰的开采技术等，很多技术也已走在世界前列。

　　用清洁能源替代污染能源并不是一句空话，我国的科学家正在努力。相信未来的中国肯定会天更蓝、水更绿，我们将生活在一个清洁、优美、舒适的环境中！

【小问号】

石油和天然气为什么叫
"不可再生"能源？

石油和天然气虽然被定义为"不可再生"能源，但实际上，此时此刻，地球上的石油和天然气正在不断生成，不断聚集，不断形成油气藏。从这个意义上讲，它们是可再生的。但由于石油和天然气的形成过程极其漫长，需要经历几百万、几千万，甚至几亿年，而人类开采和消耗的速度却迅猛得多，还没等新的资源形成，现有的就可能已经消耗殆尽。因此，相对人类的开采速度来说，石油和天然气才被定义为"不可再生"能源。

如果把地球想象成一块储存着能量的大电池，那么随着煤炭、石油、天然气这类"不可再生"能源的消耗，地球的"电量"正在急速下降。为了保护地球环境，为了能源的可持续性，新一轮能源革命正在席卷全球，这场革命会经历哪些阶段呢？

新一轮能源革命会带来能源的转型，核心目标就是用清洁能源取代非清洁能源。科学家们预言，能源的转型会是分阶段进行的，将经历四个阶段。

第一阶段，石油天然气时代。石油和天然气将会取代煤炭，形成第一次革命。我国能源目前仍以煤炭为主，石油和天然气的消耗量仍远低于煤炭，因此，我国正在经历新一轮能源革命的第一阶段。

第二阶段，天然气时代。天然气将会取代石油，形成第二次革命。

第三阶段，非常规天然气时代。页岩气、可燃冰、煤层气等非常规天然气将会取代常规天然气，形成第三次革命。

第四阶段，可再生能源时代。太阳能、生物质能、风能、地热能等，这些可再生能源将会取代煤炭、石油、天然气这些不可再生能源，形成第四次革命。

现在这几次革命正在同时发生，交替发生。但不管能源怎样转型，一些非清洁能源是无法完全退出历史舞台的，比如煤炭、石油，它们都是极其重要的化工原料，就算用作燃料，我们的生活仍离不开它们。

石油和天然气是埋藏在地下的宝藏。在地层深处，一些物质经历了自然界漫长的地质演化，承受温度和压力的考验，才诞生了今天人类可用的宝贵能源。那么，石油和天然气究竟是怎样形成的呢？

地质学家和古生物学家研究发现，大约在6亿年前，地球上就出现了生物，进入了生命大发展阶段。生长在海洋和湖泊里的动植物死亡后，与泥沙一起沉入水底，并且一层一层地堆积和掩埋起来，形成**沉积层**。

随着时间的推移，堆积的沉积物和掩埋的动植物遗体越来越厚，温度和压力也不断上升，沉积层被压实，变为**沉积岩**。当中心地区的沉积岩厚度比周围厚度更厚时，称为**沉积盆地**。

沉积盆地中动植物的遗体经过漫长时间的高温、高压、发酵，形成了**沉积有机质**。这些有机质又变成了一种叫作**干酪根**的特殊物质，而干酪根就是直接生成油气的物质。我们把富含干酪根有机质的岩石称为**烃源岩**，也叫生油岩。烃源岩是一种能够形成或已经形成石油和天然气的沉积岩。

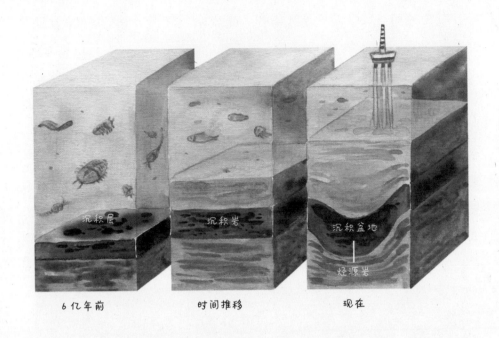

沉积层　　　　沉积岩　　　　沉积盆地

烃源岩

6亿年前　　　时间推移　　　现在

　　简单地说，经过漫长的地质演化，在一定的物理化学条件和合适的地下温度下，烃源岩中的干酪根慢慢分解，逐渐转化成了石油和天然气。

石油和天然气生成之后，如果聚集在一起，并且保存下来，就形成了"油气藏"。那么，"常规油气藏"和"非常规油气藏"分别指的是什么呢?

　　大家经常误以为石油和天然气形成于地下的一个大池塘里，或是某个地下湖里。但实际上，石油和天然气生成之后，会分散在叫作烃源岩的岩石里。这些岩石就像我们装石油和天然气的仓库。

　　聚集了石油的"仓库"就称为**油藏**;聚集了天然气的"仓库"就称为**气藏**;

油和气都有的"仓库"就称为**油气藏**；如果是集中且连成片的油气"仓库"，科学家给它们取了一个更大的名字，叫作**油气田**。

岩石中的石油和天然气要经历漫长的"迁徙"和"聚集"，才能最终孕育成"油气藏"。

有的石油和天然气会"背井离乡"，离开原本的"故乡"——烃源岩，经过长途跋涉，在孔隙性更好，或者说"房间更大"的岩石中聚集并"定居"下来，逐渐形成容易开采的**常规油气藏**。

还有一些石油和天然气则选择"留守故乡"，在烃源岩狭小的孔隙中，或者说面积较小的"房间"中，安定下来，形成不易开采的**非常规油气藏**。"非常规油气藏"里经常会储存着煤层气、页岩气等等非常规油气资源。

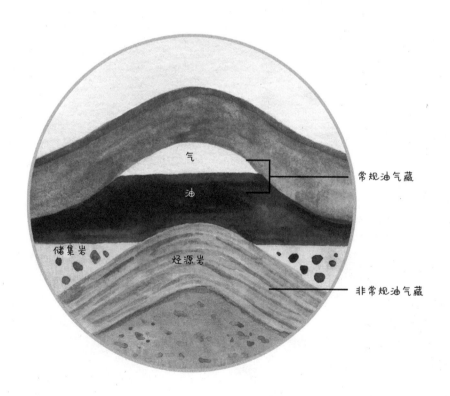

气

油

常规油气藏

储集岩

烃源岩

非常规油气藏

目前，我国正在大力研发"非常规油气藏"资源的开采技术，特别是潜力巨大的页岩气。那么，页岩气是什么样子的呢？它的开采难度大吗？

页岩气来自一种看起来像书本或木板的岩石。这种岩石外形是一页页堆积起来的形状，因此被称为**页岩**，聚集在其中的天然气就叫作页岩气。

页岩是烃源岩的一种，那么，页岩气就属于"留守故乡"的天然气。因为少了大迁徙带来的二氧化碳等其他气体的侵扰，所以页岩气比那些"游走他乡"的"常规天然气"，含有的甲烷量更高，也更有开采价值。

我国的页岩气资源十分丰富，可采资源量约**36 万亿立方**，居**世界第一**。不过，页岩气的开采难度非常大。大家已经知道，烃源岩的孔隙非常小，所以"常规油气藏"的孔隙大小是**微米级**的。微米级是什么意思呢？大概就是

页岩

头发丝直径的十分之一。而页岩的孔隙大小是**纳米级**的。这就更小了，只有头发丝直径的万分之一。而且这些纳米大小的孔隙分散在页岩之中，互相连通得不太顺畅。所以从地层里把页岩气开采出来，开采难度特别大，也因此，页岩气才有了"非常规油气藏"这个头衔。

相对于常规油气资源，非常规油气资源是一块难啃的硬骨头，开采它需要更高的成本和更高的技术，但面对这场席卷全球的能源革命，我们只能迎难而上。目前，我国在页岩气的开采上，取得了什么成就呢？

从 2005 年我国首次提出页岩气开发设想至今，短短十几年时间内，我国科学家已经研发出了具有自主知识产权的"压裂技术"，成为全世界少数几个掌握页岩气开发核心技术的国家。

压裂技术是一项增产技术。开采石油、天然气时，会先进行油气田钻井，再用各种采油、采气技术，将油气从地下开采出来。但由于储存油气的岩石非常致密，油气流到井底的速度很慢，流量也很小，还有一些油气根本不流动。这怎么办呢？于是科学家发明了压裂技术，也就是在几千米甚至上万米的地下岩石里，压开裂缝，为石油和天然气修建一条可供在地下流动的"高速公路"，打造油气层的"高速路网"，来大幅度提升油气流动能力，提高油气产量。

我国页岩气资源量排名世界第一，但现在美国的页岩气产量是 7330 多亿方，我们只有 200 亿立方，所以我们还有很长的路要走，还有很重的任务要去完成。不过，美国开发页岩气已长达 80 年，而我们还不到 20 年。实际上，美国的页岩气产量突破 100 亿立方用了 18 年，而我们只用了 6 年，并成为全球第三大页岩气产气国，这也成为我国改革开放进程中最激动人心的"中国故事"之一！

　　因此，在开采页岩气的征途上，虽然困难重重，我们仍要信心百倍，依靠科技进步，迎难而上，大幅增加国内油气产量，确保我国能源安全，为大家的衣食住行，为中华民族的伟大复兴，提供坚强的能源保障！

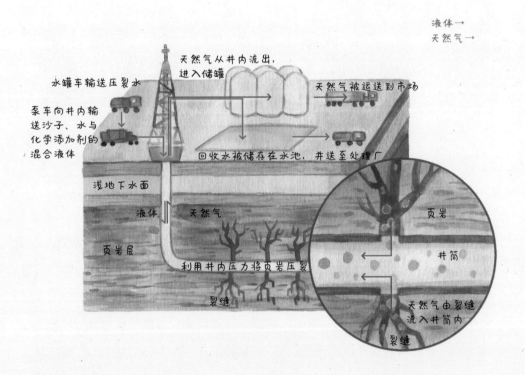

液体→
天然气→

天然气从井内流出，进入储罐
水罐车输送压裂水
天然气被运送到市场
泵车向井内输送沙子、水与化学添加剂的混合液体
回收水被储存在水池，并送至处理厂
浅地下水面
液体
天然气
页岩层
利用井内压力将页岩压裂
裂缝
页岩
井筒
天然气由裂缝流入井筒内
裂缝

强国筑梦，大师寄语

赵金洲　　西南石油大学校长　著名压裂酸化专家

　　能源关系你我他，加油争气靠大家，所以热烈欢迎和衷心希望同学们长大后，能够积极投入到我们能源建设的事业中来。为了能源强国，让我们一起为祖国加油，为民族争气，为了美丽中国，一起为清洁能源的勘探做出努力。希望同学们可以好好学习，天天向上，也祝同学们生活快乐，学习快乐，茁壮成长。我在成都，在西南石油大学，迎接你们的到来！